工业和信息产业科技与教育专著出版资金资助出版
基于岗位职业能力培养的高职网络技术专业系列教材建设

计算机网络技术导论

汪海涛　邹月　　主　编
贺慧玲　黄君羡　副主编
　　石硕　　主　审

U0303471

电子工业出版社

Publishing House of Electronics Industry

北京·BEIJING

内 容 简 介

本书旨在将计算机网络中一些难懂的概念和技术通俗化、案例化，在表述方式上由浅入深展开讨论。本书在每个章节针对相应网络知识，给出相应的实际应用任务，进行任务分析和实现，能够使读者加强对网络的认识和理解。本书内容包括计算机网络的发展、定义、组成结构，网络通信基础知识，网络的体系结构和标准 TCP/IP 协议，典型局域网案例，网络设备的介绍和初步配置案例，网络管理和安全的配置项目，Internet 的相关配置项目等。每章最后配有难度适宜的习题，并免费提供电子课件和每个案例的视频供读者学习。

本书适合作为高职高专、应用型本科等大中专院校的计算机网络、计算机应用、软件、信息安全、多媒体等专业的教材，也适合广大工程技术人员学习参考。

图书在版编目（CIP）数据

计算机网络技术导论 / 汪海涛，邹月主编. — 北京：电子工业出版社，2014.8
（基于岗位职业能力培养的高职网络技术专业系列教材建设）
ISBN 978-7-121-23267-1

Ⅰ. ①计⋯ Ⅱ. ①汪⋯ ②邹⋯ Ⅲ. ①计算机网络－高等职业教育－教材 Ⅳ. ①TP393

中国版本图书馆CIP数据核字（2014）第105083号

策划编辑：束传政
责任编辑：束传政
特约编辑：赵树刚　赵海红
印　　刷：北京七彩京通数码快印有限公司
装　　订：北京七彩京通数码快印有限公司
出版发行：电子工业出版社
　　　　　北京市海淀区万寿路173信箱　　邮编：100036
开　　本：787×1092　　1/16　　印张：14.5　　字数：371.2千字
版　　次：2014年8月第1版
印　　次：2021年7月第8次印刷
定　　价：32.00元

编委会名单

编委会主任

吴教育　　教授　　　　　阳江职业技术学院院长

编委会副主任

谢赞福　　教授　　　　　广东技术师范学院计算机科学学院副院长
王世杰　　教授　　　　　广州现代信息工程职业技术学院信息工程系主任

编委会执行主编

石　硕　　教授　　　　　广东轻工职业技术学院计算机工程系
郭庚麒　　教授　　　　　广东交通职业技术学院人事处处长

委员（排名不分先后）

王树勇　　教授　　　　　广东水利电力职业技术学院教务处处长
张蒲生　　教授　　　　　广东轻工职业技术学院计算机工程系
杨志伟　　副教授　　　　广东交通职业技术学院计算机工程学院院长
黄君美　　微软认证专家　广东交通职业技术学院计算机工程学院网络工程系主任
邹　月　　副教授　　　　广东科贸职业学院信息工程系主任
卢智勇　　副教授　　　　广东机电职业技术学院信息工程学院院长
卓志宏　　副教授　　　　阳江职业技术学院计算机工程系主任
龙　翔　　副教授　　　　湖北生物科技职业学院信息传媒学院院长
邹利华　　副教授　　　　东莞职业技术学院计算机工程系副主任
赵艳玲　　副教授　　　　珠海城市职业技术学院电子信息工程学院副院长
周　程　　高级工程师　　增城康大职业技术学院计算机系副主任
刘力铭　　项目管理师　　广州城市职业学院信息技术系副主任
田　钧　　副教授　　　　佛山职业技术学院电子信息系副主任
王跃胜　　副教授　　　　广东轻工职业技术学院计算机工程系
黄世旭　　高级工程师　　广州国为信息科技有限公司副总经理

秘书

束传政　电子工业出版社　rawstone@126.com

前言

计算机网络是 20 世纪中期发展起来的一项新技术，是计算机技术和通信技术相结合的产物。现在，人们在工作、生活中越来越频繁地使用网络，对网络的依赖也越来越强，因此，社会对网络人才的需求也越来越大。

笔者结合多年来的计算机网络教学和实践经验，在查阅国内外大量计算机网络导论文献的基础上，以计算机网络实际网络设备、CISCO 的 Packet Tracer 6.0 软件为实验平台，编写了此教材。本书的编写结合网络工程师的工作岗位，采用基于工作工程的设计思路，着力培养计算机网络实施和管理人才。

本书遵循"适用、实用、会用和通用"的原则，结合计算机类和信息类各专业的特点，要求读者在计算机网络理论的学习基础上，加强实践环节，增强动手能力。书中每个章节均以相应的实训任务引入网络相关知识，切入重点、难点，培养读者的计算机网络综合解决问题的能力。全书的所有网络项目任务都可以在实际网络环境下调试成功，并提供所有项目任务的视频资料。本书的教学资源可登录华信教育资源网（www.hxedu.com.cn）免费下载。

全书共分 10 章。

第 1 章介绍计算机网络的基本概念和特点，并组建一个简单的计算机网络系统，进行阐述。

第 2 章介绍 Internet 的各种相关应用。

第 3 章介绍计算机网络的传输介质和物理设备，并针对这些网络设备给出应用的实例。

第 4 章介绍局域网技术，局域网是范围较小的网络，也是常见的网络，局域网的技术分类很多，重点阐述以太网技术。

第 5 章介绍网络基础服务，包括 WWW 服务、FTP 服务、DNS 服务、DHCP 服务等。

第 6 章介绍计算机网络安全和简单的网络管理。

第 7 章介绍接入 Internet 的几种方式。

第 8 章介绍数据通信基础知识。

第 9 章介绍计算机网络体系结构，包括 OSI 参考模型和 TCP/IP 参考模型。

第 10 章介绍要成为网络深层次人才，需要学习的后续知识点。

本书由汪海涛、邹月主编，贺慧玲、黄君羡任副主编。本书所有作者都是工作在一线、有丰富教学实践经验的教师。参加编写的作者及其单位如下：

汪海涛、邹月	广东科贸职业学院
贺慧玲	阳江职业技术学院
黄君羡、李琳	广东交通职业技术学院
林玉霞	珠海市理工职业技术学校
简碧园	广州科技职业技术学院

由于编者水平有限，书中难免有不妥之处，敬请专家、学者不吝指正。为方便教师教学，我们为使用本教材的师生提供了教学参考资料包，包括课件、相关视频和习题答案，有需要的教师可以向我们免费索取，或者登录华信教育资源网（www.hxedu.com.cn）下载。在教材使用中有什么意见或建议也可以直接和我们联系。

电子邮件地址：327992570@qq.com。

编　者

2014 年 6 月

目录

第1章

计算机网络技术简介

- 了解计算机网络的发展历程、计算机网络的特点和功能。
- 了解计算机网络的 IP 地址、计算机网络的系统组成。
- 掌握计算机网络的定义、计算机网络的分类。
- 掌握计算机网络的文件资源共享设置方法和 IP 地址配置方法。

任务1-1　初识计算机网络——文件资源共享

 任务解读

　　某物流公司订单部原有一台用于订单接受处理、订单跟踪等工作的计算机（下称A1），随着公司业务的发展，订单部又新增加了两名员工并新购置了两台计算机（下称A2、A3）。

　　在实际工作中，订单部的员工发现，计算机 A2 和 A3 的订单处理资料和其他文档等经常需要利用 U 盘等存储设备复制到计算机 A1 中进行其他操作，非常不方便。同时，由于经常使用他人的计算机，自己的计算机也要被他人使用，所以一般不设置用户密码，管理上存在很大漏洞。订单部将此问题反映到公司 IT 部门，IT 部门立即给出回复，建议订单部搭建一个星型拓扑结构的网络，通过建立一个对等网，设置文件的共享，并可以通过不同用户的权限实现对共享的管理。

　　订单部员工不熟悉网络知识，IT 部门的回复又过于简单，导致订单部员工对此回复不知如何下手，那么，怎样才能帮他们解决这个问题呢？

 学习领域

　　计算机网络的重要功能之一就是共享，共享是指将网络中一台计算机上的软 / 硬件资源通过相应的配置，提供给该网络中其他所有具有访问权限的用户和计算机使用。为网络提供文件资源服务一般采用共享文件夹的方式，也就是说，先将用户共享出来的文件放到一个文

件夹中，再将这个文件夹设为共享，这样在网络上就可以看见这个文件夹，从而实现文件共享服务。

 **任务实施**

在使用文件夹共享时，首先必须保证"本地连接属性"对话框中"Microsoft 网络的文件和打印机共享"的选项被选中。只有选中这个复选框，这台计算机才能向网络提供服务。

（1）给 A1、A2、A3 配置 IP 地址的步骤。

Step 01 计算机安装好网卡，制作好网线并接入网络后，需要为计算机配置 IP 地址。在"网上邻居"上单击鼠标右键，选择"属性"命令；再在打开的窗口"本地连接"上单击鼠标右键，选择"属性"命令，在弹出的"本地连接属性"对话框中双击"Internet 协议（TCP/IP）"，如图 1-1 所示，即可在此对话框中设定 IP 地址。

Step 02 采用同样的方法，为这三台计算机分别配置好 IP 地址。

Step 03 使用 ping 命令，检查计算机之间的连通情况。在计算机 A2 上依次单击"开始"→"运行"命令，输入"cmd"进入命令控制界面。在 A2 的命令控制界面中输入"ping 192.168.0.1"，检查网络连接情况，出现如图 1-2 所示的界面表明网络已经连通；如果不通，则需要检查网线是否插好、IP 地址设置是否正确。

图1-1　TCP/IP属性窗口　　　　　　　　　图1-2　ping命令窗口

（2）设置共享文件夹的步骤。

Step 01 在图 1-3 中"图片资料"文件夹上单击鼠标右键，选择"共享和安全"命令。

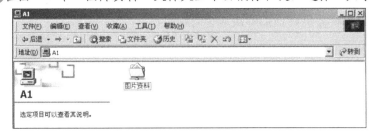

图1-3　共享文件夹窗口

Step 02 在弹出的"图片资料属性"窗口中，选择"共享该文件夹"单选项，如图1-4所示。

Step 03 单击"确定"按钮，此时该文件夹在网络中就被设置为共享了，如图1-5所示。

（3）访问共享资源。计算机A1和A2同在工作组"workgroup"中，此时在计算机A2上，通过"网上邻居"查找到计算机A1；双击计算机A1，即可看到计算机A1共享的文件。

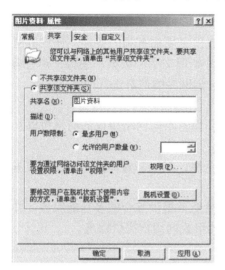

图1-4 设置共享属性窗口

图1-5 共享成功图标

在解决该公司的实际问题时，首先将该公司分属的三台计算机通过相关的软/硬件设备组成一个局域网，配置好IP地址，并确保网络连通。然后在计算机A1上，设置一个文件夹为共享，实现共享资源的访问与管理。

1.1 计算机网络的概念

1. 计算机网络的定义

计算机网络是现代计算机技术与通信技术密切结合的产物，是随着社会对信息共享和信息传递的日益增强的需求而发展起来的。所谓计算机网络，就是利用通信设备和线路将地理位置不同的功能独立的多个计算机系统互联起来，以功能完善的网络软件（即网络通信协议信息交换方式和网络操作系统等）实现网络中资源共享和信息传递的系统。

2. 计算机网络的功能

（1）资源共享

资源共享是人们建立计算机网络的主要目的之一。计算机资源包括硬件资源、软件资源和数据资源。硬件资源的共享可以提高设备的利用率，避免设备的重复投资。例如，利用计算机网络建立网络打印机。软件资源和数据资源的共享可以充分利用已有的信息资源，减少软件开发过程中的劳动，避免大型数据库的重复设置。

（2）数据通信

数据通信是指利用计算机网络实现不同地理位置的计算机之间的数据传送。例如，人们通过电子邮件（E-mail）发送和接收信息，使用 IP 电话进行相互交谈，使用 QQ 应用程序进行网上交流等。

3．计算机网络的特点

社会及科学技术的发展为计算机网络的发展提出了更加有利的条件。计算机网络与通信网的结合，不仅可以使众多的个人计算机能够同时处理文字、数据、图像、声音等信息，而且还可以使这些信息四通八达，及时地与全国乃至全世界的信息进行交换。

现在计算机网络具有如下几个特点：

① 开放式的网络体系结构。使不同软／硬件环境、不同网络协议的网络可以互连，真正达到资源共享、数据通信和分布处理的目标。

② 向高性能发展。追求高速、高可靠和高安全性，采用多媒体技术，提供文本、声音图像等综合性服务。

③ 计算机网络的智能化。多方面提高网络的性能，提供综合的多功能服务，并更加合理地进行网络各种业务的管理，真正以分布和开放的形式向用户提供服务。

1.2　计算机网络的分类

1.2.1　按覆盖范围划分

虽然网络类型的划分有不同的标准，但是按地理范围划分是一种大家都认可的通用网络划分标准。按这种标准可以把各种网络类型划分为局域网、城域网、广域网和互联网 4 种。下面简要介绍这几种计算机网络。

1．局域网（Local Area Network，LAN）

局域网是最常见、应用最广的一种网络。现在局域网随着整个计算机网络技术的发展和提高得到充分的应用和普及，几乎每个单位都有自己的局域网，甚至有的家庭中都有自己的小型局域网。很明显，所谓局域网，就是在局部地区范围内的网络，它所覆盖的地区范围较小。局域网在计算机数量配置上没有太多的限制，少的可以只有两台，多的可达几百台。一般来说在企业局域网中，工作站的数量在几十到几百台次。在网络所涉及的地理距离上一般来说可以是几米至 10 千米。局域网一般位于一个建筑物或一个单位内，不存在寻径问题，不包括网络层的应用。

局域网的特点是：连接范围窄、用户数少、配置容易、连接速率高。目前局域网最快的速率要算现今的 10Gbps 以太网。IEEE 的 802 标准委员会定义了多种主要的 LAN 网：以太网（Ethernet）、令牌环网（Token Ring）、光纤分布式接口网络（FDDI）、异步传输模式网（ATM），以及最新的无线局域网（WLAN）。这些都将在后面详细介绍。

2．城域网（Metropolitan Area Network, MAN）

城域网一般来说是在一个城市，但不在同一地理小区范围内的计算机互联。这种网络的连接距离可以为10~100千米，它采用的是IEEE 802.6标准。MAN与LAN相比扩展的距离更长，连接的计算机数量更多，在地理范围上可以说是LAN网络的延伸。在一个大型城市或都市，一个MAN网络通常连接着多个LAN网。如连接政府机构的LAN、医院的LAN、电信的LAN、公司企业的LAN等。由于光纤连接的引入，使MAN中高速的LAN互连成为可能。

城域网多采用ATM技术做骨干网。ATM是一个用于数据、语音、视频及多媒体应用程序的高速网络传输方法。ATM包括一个接口和一个协议，该协议能够在一个常规的传输信道上，在比特率不变及变化的通信量之间进行切换。ATM也包括硬件、软件，以及与ATM协议标准一致的介质。ATM提供一个可伸缩的主干基础设施，以便能够适应不同规模、速度及寻址技术的网络。ATM的最大缺点就是成本太高，所以一般在政府城域网中应用，如邮政、银行、医院等。

3．广域网（Wide Area Network，WAN）

广域网也称为远程网，其所覆盖的范围比城域网（MAN）更广，它一般在不同城市之间的LAN或者MAN网络进行互联，地理范围可从几百千米到几千千米。因为距离较远，信息衰减比较严重，所以这种网络一般要租用专线，通过IMP（接口信息处理）协议和线路连接起来，构成网状结构，解决寻径问题。这种广域网因为所连接的用户多，总出口带宽有限，所以用户的终端连接速率一般较低，通常为9.6kbps~45Mbps，如邮电部的ChinaNET、ChinaPAC和ChinaDDN网等。

4．互联网（Internet）

互联网因其英文单词"Internet"的谐音，又称为"因特网"。在互联网应用如此广泛的今天，它已是人们每天都要与其打交道的一种网络，无论从地理范围，还是从网络规模来讲它都是最大的一种网络，即常说的"Web"、"WWW"和"万维网"等。从地理范围来说，它可以是全球计算机的互联，这种网络的最大的特点就是不定性，整个网络的计算机每时每刻随着人们网络的接入在不断地变化。当用户在互联网上时，用户的计算机可以算作互联网的一部分，但一旦当用户断开互联网的连接时，用户的计算机就不属于互联网了。它的优点非常明显，就是信息量大，传播广，无论用户身处何地，只要联入互联网就可以对任何可以联网的用户发出信函和广告。因为互联网的复杂性，所以其实现的技术也非常复杂，这一点读者可以通过后面要讲的几种互联网接入设备详细地了解到。

1.2.2 按传输介质分类

按照传输介质可以将计算机网络分为有线网和无线网。

有线网是指使用铜缆或光缆，构成有线网络。有线网络在某些场合要受到布线的限制：布线、改线工程量大；线路容易损坏；网中的各节点不可移动。特别是当要把距离较远的节点联结起来时，敷设专用通信线路布线施工难度、费用、耗时非常大。这些问题都对正在迅速扩大的联网需求形成了严重的瓶颈阻塞，限制了用户联网。

无线网指的是采用无线传输媒介的计算机网络，结合了最新的计算机网络技术和无线通信技术。首先，无线局域网是有线局域网的延伸。使用无线技术来发送和接收数据，减少了用户的连线需求。

与有线局域网相比较，无线局域网具有开发运营成本低，时间短，投资回报快，易扩展，受自然环境、地形及灾害影响小，组网灵活快捷等优点。可实现"任何人在任何时间、任何地点以任何方式与任何人通信"，弥补了传统有线局域网的不足。随着 IEEE 802.11 标准的制定和推行，无线局域网的产品将更加丰富，不同产品的兼容性将得到加强。现在无线网络的传输率已达到和超过了 10Mbps，并且还在不断变快。目前无线局域网除能传输语音信息外，还能顺利地进行图形、图像及数字影像等多种媒体的传输。

有线网络通过网线将各个网络设备连接到一起，不管是路由器、交换机还是计算机，网络通信都需要网线和网卡。而无线网络则大大不同，目前广泛应用的 802.11 标准无线网络是通过 2.4GHz 无线信号进行通信的，由于采用无线信号通信，在网络接入方面就更加灵活了，只要有信号就可以通过无线网卡完成网络接入的目的。同时网络管理者也不用再担心交换机或路由器端口数量不足而无法完成扩容工作。总的来说，中小企业无线网络相比传统有线网络，其特点主要体现在以下两个方面。

① 无线网络组网更加灵活。无线网络使用无线信号通信，网络接入更加灵活，只要有信号的地方都可以随时随地将网络设备接入到企业内网。因此在企业内网应用需要移动办公或即时演示时无线网络优势更加明显。

② 无线网络规模升级更加方便。无线网络终端设备接入数量限制更少，相比有线网络一个接口对应一个设备，无线路由器容许多个无线终端设备同时接入到无线网络，因此在企业网络规模升级时无线网络优势更加明显。

1.2.3　按拓扑结构划分

网络拓扑结构是指用传输媒体互联各种设备的物理布局。计算机网络的最主要的拓扑结构有总线型拓扑、星型拓扑、环型拓扑及它们的混合型。计算机网络的拓扑结构是把网络中的计算机和通信设备抽象为一个点，把传输介质抽象为一条线，由点和线组成的几何图形就是计算机网络的拓扑结构。

1. 总线拓扑结构

总线拓扑结构是将网络中的所有设备通过相应的硬件接口直接连接到公共总线上，节点之间按广播方式通信，一个节点发出的信息，总线上的其他节点均可"收听"到。总线拓扑结构的优点：结构简单、布线容易、可靠性较高，易于扩充，节点的故障不会殃及系统，是局域网常采用的拓扑结构。缺点：所有的数据都需经过总线传送，总线成为整个网络的瓶颈；出现故障诊断较为困难。另外，由于信道共享，连接的节点不宜过多，总线自身的故障可以导致系统的崩溃。最著名的总线拓扑结构是以太网（Ethernet）。

2．星型拓扑结构

星型拓扑结构是一种以中央节点为中心，把若干外围节点连接起来的辐射式互联结构。这种结构适用于局域网，特别是近年来连接的局域网大都采用这种连接方式。这种连接方式以双绞线或同轴电缆作连接线路。该拓扑结构的优点：结构简单、容易实现、便于管理，通常以交换机作为中央节点，便于维护和管理。缺点：中心节点是全网络的可靠瓶颈，中心节点出现故障会导致网络的瘫痪。

3．环型拓扑结构

环型拓扑结构是各节点通过通信线路组成闭合回路，环中数据只能单向传输，信息在每台设备上的延时时间是固定的。特别适合实时控制的局域网系统。该拓扑结构的优点：结构简单，适合使用光纤，传输距离远，传输延迟确定。缺点：环网中的每个节点均成为网络可靠性的瓶颈，任意节点出现故障都会造成网络瘫痪，另外，故障诊断也较困难。最著名的环型拓扑结构网络是令牌环网（Token Ring）。

4．树型拓扑结构

树型拓扑结构是一种层次结构，节点按层次连接，信息交换主要在上下节点之间进行，相邻节点或同层节点之间一般不进行数据交换。该拓扑结构的优点：连接简单，维护方便，适用于汇集信息的应用要求。缺点：资源共享能力较低，可靠性不高，任何一个工作站或链路的故障都会影响整个网络的运行。

5．网状拓扑结构

网状拓扑结构又称作无规则结构，节点之间的连接是任意的，没有规律。该拓扑结构的优点：系统可靠性高，比较容易扩展，但是结构复杂，每一节点都与多点进行连接，因此必须采用路由算法和流量控制方法。目前广域网基本上采用网状拓扑结构。

6．混合型拓扑结构

混合型拓扑结构就是两种或两种以上的拓扑结构同时使用。其优点：可以对网络的基本拓扑取长补短。缺点：网络配置难度大。

7．蜂窝拓扑结构

蜂窝拓扑结构是无线局域网中常用的结构。它以无线传输介质（微波、卫星、红外线、无线发射台等）点到点和点到多点传输为特征，是一种无线网，适用于城市网、校园网、企业网，更适合于移动通信。

在计算机网络中还有其他类型的拓扑结构，如总线型与星型混合、总线型与环型混合连接的网络。在局域网中，使用最多的是星型结构。

1.3　计算机网络的发展历程

在 1946 年世界上第一台电子计算机问世后的十多年时间内，由于其价格昂贵，计算机数量极少。早期所谓的计算机网络主要是为了解决这一矛盾而产生的，其形式是将一台计算机通过通信线路与若干台终端直接连接，也可以把这种方式看作最简单的局域网雏形。

最早的 Internet，是由美国国防部高级研究计划局（ARPA）建立的。现代计算机网络的许多概念和方法，如分组交换技术都来自 ARPAnet。ARPAnet 不仅进行了租用线互联的分组交换技术研究，而且进行了无线、卫星网的分组交换技术研究，其结果导致了 TCP/IP 问世。

1977~1979 年，ARPAnet 推出了 TCP/IP 体系结构和协议。1980 年前后，ARPAnet 上的所有计算机开始了 TCP/IP 协议的转换工作，并以 ARPAnet 为主干网建立了初期的 Internet。1983 年，ARPAnet 的全部计算机完成了向 TCP/IP 的转换，并在 UNIX（BSD4.1）上实现了 TCP/IP。ARPAnet 在技术上最大的贡献就是 TCP/IP 协议的开发和应用。两个著名的科学教育网 CSNET 和 BITNET 先后建立。1984 年，美国国家科学基金会 NSF 规划建立了 13 个国家超级计算中心及国家教育科技网。随后替代了 ARPAnet 的骨干地位。1988 年 Internet 开始对外开放。1991 年 6 月，在连通 Internet 的计算机中，商业用户首次超过了学术界用户，这是 Internet 发展史上的一个里程碑，从此 Internet 以惊人的速度发展。

1. 第一代计算机网络（早期的计算机网络）

早期的计算机系统是高度集中的，所有的设备安装在单独的机房中，后来出现了批处理和分时系统，分时系统所连接的多个终端连接着主计算机。20 世纪 50 年代中后期，许多系统都将地理上分散的多个终端通过通信线路连接到一台中心计算机上，出现了第一代计算机网络。它是以单个计算机为中心的远程联机系统。典型应用是美国航空公司与 IBM 在 20 世纪 50 年代初开始联合研究，20 世纪 60 年代投入使用的飞机订票系统 SABRE-I，它由一台计算机和全美范围内 2000 个终端组成（这里的终端是指由一台计算机外部设备组成的简单计算机，类似现在的"瘦客户机"，仅包括 CRT 控制器、键盘，没有 CPU、内存和硬盘）。

随着远程终端的增多，为了提高通信线路的利用率并减轻主机负担，已经使用了多点通信线路、终端集中器、前端处理机 FEP（Front-End Processor），这些技术对以后计算机网络发展有着深刻影响，以多年线路连接的终端和主机间的通信建立过程，可以用主机对各终端轮询或者由各终端连接成雏菊链的形式实现。考虑到远程通信的特殊情况，对传输的信息还要按照一定的通信规程进行特别的处理。

当时的计算机网络定义为"以传输信息为目的而连接起来，以实现远程信息处理或进一步达到资源共享的计算机系统"，这样的计算机系统具备了通信的雏形。

此时的计算机网络可以称为面向终端的计算机网络，主机是网络的中心和控制者，终端（键盘和显示器）分布在各处并与主机相连，用户通过本地的终端使用远程的主机。只提供终端和主机之间的通信，子网之间无法通信。

2. 第二代计算机网络（现代计算机网络的发展，远程大规模互联）

20 世纪 60 年代出现了大型主机，因而也提出了对大型主机资源远程共享的要求，以程控交换为特征的电信技术的发展为这种远程通信需求提供了实现手段。第二代网络以多个主机通过通信线路互联，为用户提供服务，兴起于 20 世纪 60 年代后期。这种网络中主机之间不是直接用线路相连，而是由接口报文处理机（IMP）转接后互联。IMP 和它们之际互联的通信线路一起负责主机间的通信任务，构成通信子网。通信子网互联的主机负责运行程序，提供资源共享，组成了资源子网。

两个主机间通信是对传送信息内容的理解、信息的表示形式，以及各种情况下的应答信号必须遵守一个共同的约定，这就是"协议"。在 ARPA net 中，将协议按功能分成了若干层次。如何分层，以及各层中具体采用的协议总和，成为网络体系结构。

现代意义上的计算机网络是从 1969 年美国国防部高级研究计划局（DARPA）建成的 ARPAnet 实验网开始的，该网络当时只有 4 个节点，以电话线路为主干网络，两年后，建成 15 个节点，进入工作阶段，此后规模不断扩大。20 世纪 70 年代后期，网络节点超过 60 个，主机 100 多台，地理范围跨越美洲大陆，连通了美国东部和西部的许多大学和研究机构，而且通过通信卫星与夏威夷和欧洲地区的计算机网络相互连通。其特点主要是：①资源共享；②分散控制；③分组交换；④采用专门的通信控制处理机；⑤分层的网络协议，这些特点被认为是现代计算机网络的一般特征。

20 世纪 70 年代后期是通信网大发展的时期，各发达国家政府部门、研究机构和电报、电话公司都在发展分组交换网络。这些网络都以实现计算机之间的远程数据传输和信息共享为主要目的，通信线路大多采用租用电话线路，少数铺设专用线路，这一时期网络成为第二代网络，以远程大规模互联为主要特点。

第二代计算机网络开始以通信子网为中心，此时的计算机网络定义为"以能够相互共享资源为目的，互连起来的具有独立功能的计算机的集合体"。这时属于多个主机互联，实现计算机和计算机之间的通信，包括通信子网、用户资源子网。终端用户可以访问本地主机和通信子网上所有主机的软 / 硬件资源。

3．第三代计算机网络（计算机网络标准化阶段）

随着计算机网络技术的成熟，网络应用越来越广泛，网络规模增大，通信变得复杂。各大计算机公司纷纷制定了自己的网络技术标准。IBM 于 1974 年推出了系统网络结构（System Network Architecture)，为用户提供能够互联的成套通信产品；1975 年 DEC 公司宣布了自己的数字网络体系结构 DNA（Digital Network Architecture)；1976 年 UNIVAC 宣布了该公司的分布式通信体系结构（Distributed Communication Architecture)，这些网络技术标准只是在一个公司范围内有效，遵从某种标准的、能够互联的网络通信产品，只是同一公司生产的同构型设备。网络通信市场这种各自为政的状况使得用户在投资方向上无所适从，这也不利于多厂商之间的公平竞争。1977 年 ISO 组织的 TC97 信息处理系统技术委员会 SC16 分技术委员会开始着手制定开放系统互联参考模型。

OSI/RM 标志着第三代计算机网络的诞生。此时的计算机网络在共同遵循 OSI 标准的基础上，形成了一个具有统一网络体系结构，并遵循国际标准的开放式和标准化的网络。OSI/RM 参考模型把网络划分为 7 个层次，并规定，计算机之间只能在对应层之间进行通信，大大简化了网络通信原理，是公认的新一代计算机网络体系结构的基础，为普及局域网奠定了基础。

1981 年国际标准化组织（ISO）制定开放体系互联基本参考模型（OSI/RM），实现不同厂家生产的计算机之间实现互联。

4．第四代计算机网络（微机局域网的发展时期，互联网出现）

20 世纪 80 年代末，局域网技术发展成熟，出现了光纤及高速网络技术，整个网络就像一个对用户透明的、大的计算机系统，发展以 Internet 为代表的因特网，这就是直到现在的第四代计算机网络时期。

此时的计算机网络定义为"将多个具有独立工作能力的计算机系统通过通信设备和线路由功能完善的网络软件实现资源共享和数据通信的系统"。事实上，对于计算机网络也从未有过一个标准的定义。

1972 年，Xerox 公司发明了以太网，1980 年 2 月 IEEE 组织了 802 委员会，开始制定局域网标准。1985 年美国国家科学基金会（National Science Foundation）利用 ARPAnet 协议建立了用于科学研究和教育的骨干网络 NSFnet。1990 年 NSFnet 取代 ARPAnet 成为国家骨干网，并且走出了大学和研究机构进入社会，从此网上的电子邮件、文件下载和信息传输受到人们的欢迎和广泛使用。1992 年，Internet 学会成立，该学会把 Internet 定义为"组织松散的，独立的国际合作互联网络"，"通过自主遵守计算协议和过程支持主机对主机的通信"。1993 年，伊利诺斯大学国家超级计算中心成功开发网上浏览工具 Mosaic（后来发展为 Netscape），同年克林顿宣布正式实施国家信息基础设施 (National Information Infrastructure) 计划，从此在世界范围内开展了争夺信息化社会领导权和制高点的竞争。与此同时 NSF 不再向 Internet 注入资金，完全使其进入商业化运作。

20 世纪 90 年代后期，Internet 以惊人速度发展。产生了信息高速公路（高速、多业务、大数据量）和宽带综合业务数字网。出现了 ATM 技术、ISDN、千兆以太网。网络的交互性得到极大提高，例如，网上电视点播、电视会议、可视电话、网上购物、网上银行、网络图书馆等。

5．下一代计算机网络

下一代计算机网络（NGN），被普遍认为是因特网、移动通信网络、固定电话通信网络的融合，IP 网络和光网络的融合；是可以提供包括语音、数据和多媒体等各种业务的综合开放的网络架构；是业务驱动、业务与呼叫控制分离、呼叫与承载分离的网络；是基于统一协议的、基于分组的网络。

在功能上 NGN 分为 4 层，即接入和传输层、媒体层、控制层、网络服务层，涉及软交换、MPLS、E-NUM 等技术。

1.4　计算机网络的系统组成

计算机网络系统由通信子网和资源子网组成。而网络软件系统和网络硬件系统是网络系统赖以存在的基础。在网络系统中，硬件对网络的选择起着决定性作用，而网络软件则是挖掘网络潜力的工具。

1．网络软件

在网络系统中，网络上的每个用户都可享有系统中的各种资源，系统必须对用户进行控制。否则，就会造成系统混乱、信息数据的破坏和丢失。为了协调系统资源，系统需要通过软件工具对网络资源进行全面的管理、调度和分配，并采取一系列的安全保密措施，防止用户对数据和信息不合理地访问，以防数据和信息的破坏与丢失。网络软件是实现网络功能不可缺少的软件环境。

通常网络软件包括如下内容。

① 网络协议和协议软件：通过协议程序实现网络协议功能。

② 网络通信软件：通过网络通信软件实现网络工作站之间的通信。

③ 网络操作系统：网络操作系统是用以实现系统资源共享、管理用户对不同资源访问的应用程序，它是最主要的网络软件。

④ 网络管理及网络应用软件：网络管理软件是用来对网络资源进行管理和对网络进行维护的软件。网络应用软件是为网络用户提供服务并为网络用户解决实际问题的软件。

⑤ 网络软件最重要的特征：网络管理软件所研究的重点不是网络中互连的各个独立的计算机本身的功能，而是如何实现网络特有的功能。

2．网络硬件

网络硬件是计算机网络系统的物质基础。要构成一个计算机网络系统，首先要将计算机及其附属硬件设备与网络中的其他计算机系统连接起来。不同的计算机网络系统，在硬件方面是有差别的。随着计算机技术和网络技术的发展，网络硬件日趋多样化，功能更加强大，设计更加复杂。

① 线路控制器（Line Controller，LC）：LC 是主计算机或终端设备与线路上调制解调器的接口设备。

② 通信控制器（Communication Controller，CC）：CC 是用以对数据信息各个阶段进行控制的设备。

③ 通信处理机（Communication Processor，CP）：CP 是数据交换的开关，负责通信处理工作。

④ 前端处理机（Front End Processor，FEP）：FEP 也是负责通信处理工作的设备。

⑤ 集中器 C（Concentrator）、多路选择器 MUX（Multiplexor）：是通过通信线路分别和多个远程终端相连接的设备。

⑥ 主机 HOST（Host Computer）。

⑦ 终端 T（Terminal）。

随着计算机网络技术的发展和网络应用的普及，网络节点设备会越来越多，功能也更加强大，设计也更加复杂。

任务1-2 计算机网络IP地址的设置

任务解读

现在，有一个用户需要使用计算机接入到 Internet，但他不熟悉 IP 地址的设置，请帮他进行计算机 IP 地址的配置。

学习领域

用户访问 Internet 必须要有合法的 IP 地址，因此，用户 IP 地址的配置是必需的。目前有 3 种主要的 IP 地址分配方式：① 配置静态 IP 地址，可以直接在用户计算机上配置静态 IP 地址。② 为 PPP 接入的用户分配 IP 地址，采用 PPP 方式接入的用户，可以利用 PPP 的地址协商功能，由接入服务器分配 IP 地址。③ 使用 DHCP 服务分配 IP 地址。

后面两种 IP 地址的配置将在后面章节介绍。

任务实施

Step 01 先了解该用户接入到 Internet 的 IP 地址为 125.216.197.160，子网掩码为 255.255.254.0，DNS 服务器的地址为 202.96.128.86，网关为 125.216.196.1。

Step 02 计算机安装好网卡，制作好网线并连入网络。在"网上邻居"上单击鼠标右键，选择"属性"命令，再在"本地连接"上单击鼠标右键，选择"属性"命令，在弹出的"本地连接属性"对话框中双击"Internet 协议（TCP/IP）"，如图 1-6 所示，即可在此对话框中设定 IP 地址和其他相关参数。

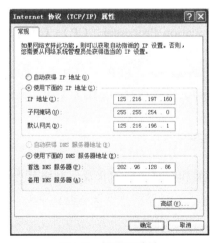

图1-6 设置IP地址

Step 03 在计算机上，打开浏览器输入网址，检查计算机接入到 Internet 的情况。

1.5 计算机网络的IP地址

1. IP 地址的定义和格式

每个人都有一些个人信息用来方便地与他人交流。计算机也一样，网络中的计算机必须有一个唯一的标识以被识别，这个标识即为 IP 地址（Internet Protocol Address）。

IP 地址是一组 32 位长的二进制数字，即 IP 地址占 4 字节，采用 x.x.x.x 的点分格式来表示，每个 x 为 8 位。

2. IP 地址的组成

在因特网中，IP 地址也分为两个部分，即"网络号"和"主机号"。
- 网络号：用来标识一个物理网络。
- 主机号：用来标识这个网络中的一台主机。

3. IP 地址的划分

IP 地址就是给每个连在 Internet 网的主机分配一个在全世界范围内唯一的标识符，Internet 管理委员会定义了 A、B、C、D、E 5 类地址。A、B、C 类最常用，D 类为组播地址，E 类为保留地址。

（1）A 类地址

A 类地址的网络标识由第一组 8 位二进制数表示，A 类地址的特点是网络标识的第一位二进制数取值必须为"0"。不难算出，A 类地址第一个地址为 00000001，最后一个地址是 01111111，换算成十进制就是 127，其中 127 留作保留地址，A 类地址的第一段范围是 1~126，A 类地址允许有 $2^7 - 2 = 126$ 个网段（第一个可用网段号 1，最后一个可用网段号 126。减 2 是因为 0 不用，127 留作它用），网络中的主机标识占 3 组 8 位二进制数，每个网络允许有 $2^{24} - 2 = 16\ 777\ 214$ 台主机（减 2 是因为全 0 地址为网络地址，全 1 为广播地址，这两个地址一般不分配给主机）。通常分配给拥有大量主机的网络。其中，保留 IP 为 127.X.X.X，私用 IP 为 10.0.0.0~10.255.255.255。

（2）B 类地址

B 类地址的网络标识由前两组 8 位二进制数表示，网络中的主机标识占两组 8 位二进制数，B 类地址的特点是网络标识的前两位二进制数取值必须为"10"。B 类地址第一个地址为 10000000，最后一个地址是 10111111，换算成十进制，B 类地址第一段范围就是 128~191，B 类地址允许有 $2^{14} = 16\ 384$ 个网段（第一个可用网段号 128.0，最后一个可用网段号 191.255），网络中的主机标识占 2 组 8 位二进制数，每个网络允许有 $2^{16} - 2 = 65\ 534$ 台主机，适用于节点比较多的网络。其中，保留 IP 为 169.254.X.X，私用 IP 为 172.16.0.0~172.31.255.255。

（3）C 类地址

C 类地址的网络标识由前 3 组 8 位二进制数表示，网络中主机标识占 1 组 8 位二进制数，C 类地址的特点是网络标识的前 3 位二进制数取值必须为"110"。C 类地址第一个地址为 11000000，最后一个地址是 11011111，换算成十进制，C 类地址第一段范围就是 192~223，C 类地址允许有 2^{21} =2 097 152 个网段（第·个可用网络号 192.0.0，最后一个可用网络号 223.255.255），网络中的主机标识占 1 组 8 位二进制数，每个网络允许有 $2^8-2=254$ 台主机，适用于节点比较少的网络。其中，私用 IP 为 192.168.0.0~192.168.255.255。

4．几个特殊的 IP 地址

（1）私有地址

前面提到 IP 地址在全世界范围内唯一，对此读者可能有这样的疑问，像 192.168.0.1 这样的地址在许多地方都能看到，并不唯一，这是为何？ Internet 管理委员会规定如下地址段为私有地址。私有地址可以自己组网时用，但不能在 Internet 网上用，Internet 网没有这些地址的路由，有这些地址的计算机要上网必须转换成合法的 IP 地址，即公网地址。下面是 A、B、C 类网络中的私有地址段，读者自己组网时就可以用这些地址。

10.0.0.0~10.255.255.255
172.16.0.0~172.131.255.255
192.168.0.0~192.168.255.255

（2）回送地址

A 类网络地址 127 是一个保留地址，用于网络软件测试及本地机进程间通信，叫作回送地址（loopback address）。无论什么程序，一旦使用回送地址发送数据，协议软件立即返回，不进行任何网络传输。网络号 127 的分组不能出现在任何网络上。

（3）广播地址

TCP/IP 规定，主机号全为"1"的网络地址用于广播之用，叫作广播地址。所谓广播，指同时向同一子网所有主机发送报文。

（4）网络地址

TCP/IP 协议规定，各位全为"0"的网络号被解释成"本"网络。
由以上可以看出：

- 含网络号 127 的分组不能出现在任何网络上；主机和网关不能为该地址广播任何寻径信息。
- 主机号全"0"、全"1"的地址在 TCP/IP 协议中有特殊含义，一般不能用作一台主机的有效地址。

5．子网掩码

子网掩码的作用就是和 IP 地址与运算后得出网络地址，子网掩码也是 32 位，并且由一串 1 后跟随一串 0 组成，其中 1 表示在 IP 地址中的网络号对应的位数，而 0 表示在 IP 地址中主机对应的位数。

思考与动手

一、填空题

1．计算机网络按网络的覆盖范围可分为_____、城域网、_____和互联网。

2．从计算机网络组成的角度看，计算机网络从逻辑功能上可分为_____子网和_____子网。

3．计算机网络的拓扑结构有_____、树型、_____、环型和网状型。

二、简答题

1．计算机网络的发展经过哪几个阶段？每个阶段各有什么特点？

2．什么是计算机网络？计算机网络的主要功能是什么？

3．计算机网络的拓扑结构有哪些？它们各有什么优缺点？

三、实验操作题

1．请为此计算机添加一个"Microsoft IPX/SPX"兼容网络协议。

2．请在"资源管理器"窗口中将本台计算机硬盘 C 上的文件夹"download"设置为共享文件夹，并为它设置只读密码 1234，使得网上的其他用户必须通过密码使用此只读文件夹。

3．请使用桌面上的"网上邻居"图标取消本计算机的文件和打印机共享。（不用重新启动计算机）

4．请以下列用户身份登录网络：用户名为 TEST，密码为 1234。

5．请通过桌面上的"网上邻居"打开命名为"kaoshi"的网上计算机，并打开其共享目录"重要文档"。

6．请将网上计算机"liuzhen"的共享文件夹"download"映射为逻辑盘"M"，共享密码为 12345。

7．请使用 Windows 提供的查找网上计算机的功能，查找计算机"computer01"。

8．请将 IE 浏览器的保存历史记录的天数设置为 10 天。

第**2**章

Internet常见应用

- 了解 Web 浏览器的功能和使用，能对 IE 浏览器进行常用设置。
- 掌握信息的下载和迅雷工具的使用。
- 掌握搜索引擎的工作原理和使用技巧。
- 了解即时工具 QQ、MSN 的使用。
- 熟练论坛注册和发帖回帖。
- 熟悉博客的概念和使用。

任务2-1   客户端访问Internet信息资源

任务解读

广州市某公司职员，准备休年假，计划约几个朋友去西藏进行一次自由行，好好体验一下西藏风情。为了做好充分的准备，需要收集一些关于西藏的概况资料和西藏的主要风景区的相关文字、图片资料及一些多媒体材料等，并做出出行计划。

那么，该职员怎样才能快速而全面地搜索所需的资料呢？

学习领域

互联网是信息资源的海洋，很多信息都是免费提供给用户的，但是要想在信息的海洋及时、准确、有效地找到自己需要的信息资源，就必须掌握一些信息搜索的技术，了解常见的信息资源网站，掌握信息搜索工具的使用方法和技术，能熟练使用信息检索工具得到所需的信息。

任务实施

访问 Internet 信息资源的前提必须是，客户端计算机已经联网了，能打开 IE 浏览器自由浏览网页。

Step 01 使用百度搜索引擎，搜索关于西藏旅游的介绍及各风景区的图片，下载用户感兴趣的风景区的介绍和相关图片。如图 2-1 所示为用百度搜索图片。

Step 02 使用百度地图，查看并记录各个风景区的地理位置，参考他人的西藏旅游攻略，制订旅游的大致路线。如图 2-2 所示为用百度搜索旅游攻略。

图2-1 用百度搜索图片

图2-2 用百度搜索旅游攻略

Step 03 到携程网站，查看各个旅游景点附近的酒店介绍情况，记录用户感兴趣的酒店名称、价位和特色饮食，制订西藏旅行计划。如图 2-3 所示为用携程了解酒店情况。

图2-3 用携程了解酒店情况

2.1 Internet的介绍和信息浏览

2.1.1 Internet的介绍

Internet 即互联网，又称因特网，于 1969 年在美国开始建立，是全球性的网络。互联网是由一些使用公用语言互相通信的计算机连接而成的网络，即广域网、局域网及单机按照一定的通信协议组成的国际计算机网络。Internet 是一种公用信息的载体，是大众传媒的一种。它具有快捷性、普及性，是现今最流行、最受欢迎的传媒之一。

Internet 之所以发展如此迅速，被称为 20 世纪末最伟大的发明，是因为 Internet 从一开始就具有的开放、自由、平等、合作和免费的特性。

① 开放。Internet 是世界上最开放的计算机网络。任何一台计算机只要支持 TCP/IP 协议就可以连接到 Internet 上，实现信息等资源的共享。

② 自由。Internet 是一个无国界的虚拟自由王国，在上面信息的流动自由、用户的言论自由、用户的使用自由。

③ 平等。Internet 上"不分等级"，一台计算机与其他任何一台一样好，没有哪一个人比其他人更好。在 Internet 内，用户是怎样的人仅仅取决于其通过键盘操作而表现出来的"那个人"。

④ 免费。在 Internet 内，虽然有一些付款服务（将来无疑还会增加更多的服务），但绝大多数的 Internet 服务都是免费提供的。而且在 Internet 上有许多信息和资源也是免费的。

⑤ 合作。Internet 是一个没有中心的自主式的开放组织。Internet 上的发展强调的是资源共享和双赢发展的发展模式。

⑥ 交互。Internet 作为平等自由的信息沟通平台，信息的流动和交互是双向式的，信息沟通双方可以平等地与另一方进行交互。

⑦ 个性。Internet 作为一个新的沟通虚拟社区，它可以鲜明地突出个人的特色。只有有特色的信息和服务，才可能在 Internet 上不被信息的海洋所淹没，Internet 引导的是个性化的时代。

⑧ 全球。Internet 从一开始进行商业化运作，就表现出无国界性，信息流动是自由的、无限制的。因此，Internet 从一诞生就是全球性的产物，当然全球化并不排除本地化，如 Internet 上主流语言是英语，但对于中国人来说还是习惯用汉语。

⑨ 持续。Internet 是一个飞速旋转的涡轮，它的发展是持续的，今天的发展给用户带来价值，推动着用户寻求进一步发展带来更多价值。

2.1.2　Internet常用信息网站

（1）新浪

新浪是一家网络公司的名称，以服务大中华地区与海外华人为己任。新浪拥有多家地区性网站，通过旗下五大业务主线为用户提供网络服务，网下的北京新浪、香港新浪、台北新浪、北美新浪等覆盖全球华人社区的全球最大中文门户网站。新浪通过门户网站新浪网、移动门户手机新浪网和社交网络服务及微博客服务新浪微博组成的数字媒体网络，帮助广大用户通过互联网和移动设备获得专业媒体和用户自生成的多媒体内容（UGC）并与友人进行兴趣分享。

（2）搜狐

搜狐以雄厚的媒体实力和资源精心打造了汽车、房产、财经和 IT 四大主流产业的专业频道，以影响多中心。特色全频道的形式为大众提供快速、真实和权威的资讯，全面影响消费决策，全方位多维度地打造实力媒体平台。搜狐是一个具有影响力与公信力的新闻中心、联动娱乐市场，跨界经营的娱乐中心，深受体育迷欢迎的体育中心和引领潮流的时尚文化中心。

（3）网易

网易公司是中国领先的互联网技术公司，也是中国主要门户网站，网易在开发互联网应用、服务及其他技术方面始终保持中国业内的领先地位。自1997年6月创立以来，凭借先进的技术和优质的服务，网易深受广大网民的欢迎，曾两次被中国互联网络信息中心（CNNIC）评选为中国十佳网站之首。目前提供网络游戏、电子邮件、新闻、博客、搜索引擎、论坛和虚拟社区等服务。

（4）腾讯

腾讯公司成立于1998年11月29日，在深圳注册，总部位于深圳，是我国最大的互联网综合服务提供商之一，也是中国服务用户最多、最广的互联网企业之一，其主要产品有IM软件、网络游戏、门户网站及相关增值产品。

2.1.3 Internet Explorer的设置

将计算机连接到Internet后，即可以通过Internet Explorer访问互联网上的WWW资源。Internet Explorer简称IE，是微软研发的与Windows捆绑销售的浏览器产品，目前个人计算机中使用的IE浏览器一般为8.0版本。为了使用的方便和安全，一般对IE进行一些常规属性的设置。常规属性的内容比较多，包括主页的设置、临时文件的建立与删除、历史记录的处理及语言文字等方面的内容。设置好Internet连接的常规属性，可使用户对Web页的查看和处理更加随心所欲。本书以IE 8.0为例进行讲解IE的设置，设置Internet连接常规属性的步骤如下。

Step 01 打开IE浏览器，单击"工具"→"Internet 选项"命令，如图2-4所示。

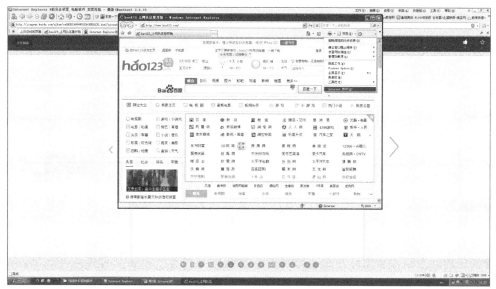

图2-4 IE 8.0

Step 02 在"常规"选项卡，"主页"区域可以设置 IE 浏览器默认主页的地址，如图 2-5 所示。在"浏览历史记录"下单击"删除"按钮，删除 IE 浏览器产生的临时文件和历史记录及 Cookie 文件。单击"浏览历史记录"下的"设置"按钮进入图 2-6 所示的设置界面，设置 Internet 临时文件存储的位置、使用磁盘空间的大小，以及在磁盘保存的天数。

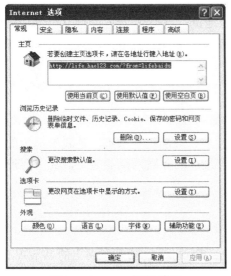

图2-5　Internet 选项-常规

图2-6　Internet 选项-历史记录

Step 03 单击"搜索"下面的"设置"按钮，进入如图 2-7 所示的界面，设置 IE 浏览器默认的搜索引擎。单击"选项卡"下面的"设置"按钮，进入如图 2-8 所示的界面，对 IE 浏览器在单击超链接进入新网页时产生的选项卡进行设置。在"外观"下端还可对 IE 浏览器的颜色、语言和字体进行个性化设置。

图2-7　Internet 选项-搜索设置

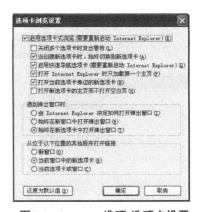

图2-8　Internet 选项-选项卡设置

Step 04 单击"安全"选项卡，进入 IE 安全设置如图 2-9 所示，选择要查看的区域进行查看和设置。对于普通用户来说，没有必要了解每项设置有什么具体作用，可以直接使用系统的默认设置；高级用户可以根据自己的需要设置自定义级别，如图 2-10 所示。对于一些值得信任的站可以添加为本机的可信任站点，具体操作为：单击"可信站点"项，再单击"站点"按钮，如图 2-11 所示；输入站点地址，单击"添加"按钮在列表中添加网址，如果站点是内部安全域 https 的,则要勾选"对该区域中的所有服务器要求服务器验证(https:)"。

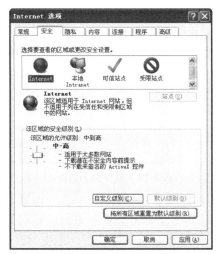

图2-9 Internet 安全设置

图2-10 Internet 自定义安全级别

Step 05 "隐私"(cookie)安全设置如图 2-12 所示。大部分用户,关于隐私方面的设置基本不会设置,也不知道如何设置,因此容易泄露个人信息。关于 cookie 的作用,可以用"天使"与"魔鬼"来形容,它让互联网服务供应商更贴心地为用户服务的同时,也让别人知道了用户太多的消息,而且知道的人不止一个。

图2-11 Internet 添加可信任站点

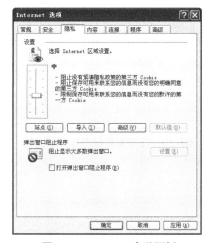

图2-12 Internet 隐私面板

以下操作可让用户在"天使"与"魔鬼"之间保持平衡。

- 阻止危险网站利用 cookie。单击"站点"按钮,输入网址后,单击"阻止"按钮,允许是给反向设置用的,即禁用 cookie,只允许列表中网站使用 cookie,如图 2-13 所示为 Internet 站点的隐私设置图。
- 减少第三方 cookie。单击"高级"按钮,勾选"替代自动 cookie 代理"选项,设置阻止第三方 cookie,如图 2-14 所示为 Internet 减少第三方 cookie。

图2-13　设置Internet站点的隐私　　　　图2-14　减少第三方cookies

Step 06 "内容"选项卡如图2-15所示，设置内容审查程序时，单击"内容审查程序"下的"设置"按钮，进入图2-16所示的界面，可以设置浏览信息的分级和添加许可浏览的站点。该标签一般是家庭用户中家长对未成年儿童使用。"自动完成"栏目下，单击"设置"按钮进入如图2-17所示的界面，设置浏览器地址栏和表单在输入数据时保存所输入数据，在下次输入时弹出下拉列表自动完成地址或表单信息的输入。

Step 07 如图2-18所示为浏览器设置一个Internet连接方式。

图2-15　内容审查程序和自动完成

图2-16　内容审查程序

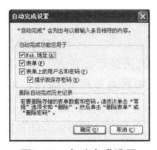

图2-17　自动完成设置

图2-18　为浏览器设置一个Internet连接方式

Step 08 为 Internet 浏览器设置默认的 Internet 程序，如图 2-19 所示。

Step 09 高级设置如图 2-20 所示，其中选项非常多，可以进行安全设置，多媒体显示与否设置，IE 外观和常用习惯设置等。当设置完成，单击"应用"按钮，重新启动 IE 浏览器，则所有设置生效。

图2-19　为Internet浏览器设置默认的Internet程序

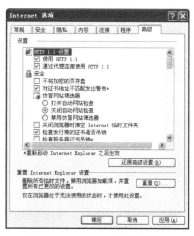

图2-20　Internet选项-高级

2.1.4 使用搜索引擎

搜索引擎是指根据一定的策略、运用特定的计算机程序从互联网上搜集信息，在对信息进行组织和处理后，为用户提供检索服务，将用户检索相关的信息展示给用户的系统。搜索引擎包括全文索引、目录索引、元搜索引擎、垂直搜索引擎、集合式搜索引擎、门户搜索引擎与免费链接列表等。百度和谷歌（Google）是搜索引擎的代表。本节以谷歌搜索引擎为例讲解搜索引擎的使用方法。

1. 基本使用方法

（1）基本搜索

Google 查询简洁方便，仅需在 Google 页面输入查询内容并敲一下回车键（Enter 键），或单击"Google 搜索"按钮即可得到相关资料。

Google 查询严谨细致，能帮助用户找到最重要、最相关的内容。例如，当 Google 对网页进行分析时，它也会考虑与该网页链接的其他网页上的相关内容。Google 还会先列出那些搜索关键词相距较近的网页。

（2）自动使用"and"进行查询

Google 只会返回那些符合全部查询条件的网页，不需要在关键词之间加上"and"或"+"。如果想缩小搜索范围，只需输入更多的关键词，并在关键词中间留空格即可。

（3）忽略词

Google 会忽略最常用的词和字符，这些词和字符称为忽略词。Google 自动忽略"http"、".com"和"的"等字符，以及数字和单字，这类字词不仅对缩小查询范围毫无帮助，还会大大降低搜索速度。

使用英文双引号可将这些忽略词强加于搜索项，例如，输入"柳堡的故事"时，加上英文双引号会使"的"强加于搜索项中。

（4）根据上下文确定要查看的网页

每个 Google 搜索结果都包含从该网页中抽出的一段摘要，这些摘要提供了搜索关键词在网页中的上下文。

（5）简繁转换

Google 运用智能型汉字简繁自动转换系统，这样可找到更多相关信息。这个系统不是简单的字符变换，而是简体和繁体文本之间的"翻译"转换。例如，简体的"计算机"会对应于繁体的"电脑"。当搜索所有中文网页时，Google 会对搜索项进行简繁转换，同时检索简体和繁体网页，并将搜索结果的标题和摘要转换成和搜索项的表现形式，便于阅读。

（6）词干法

Google 现在使用"词干法"。也就是说，在合适的情况下，Google 会同时搜索关键词和与关键词相近的字词。词干法对英文搜索尤其有效。例如，搜索"dietary needs"，Google 会同时搜索"diet needs"和其他该词的变种。

（7）不区分英文字母大小写

Google 搜索不区分英文字母大小写。所有的字母均当作小写处理。例如，搜索"google"、"GOOGLE"或"GoOgLe"，得到的结果都一样。

2．缩小搜索范围

（1）搜索窍门

由于 Google 只搜索包含全部查询内容的网页，所以缩小搜索范围的简单方法就是添加搜索关键词。添加词语后，查询结果的范围就会比原来的"过于宽泛"的查询小得多。

（2）减除无关资料

如果要避免搜索某个词语，可以在这个词前面加上一个减号（"-"，英文字符）。但在减号前必须留一个空格。

（3）英文短语搜索

在 Google 中，可以通过添加英文双引号来搜索短语。双引号中的词语（比如 "like this"）在查询到的文档中将作为一个整体出现。这一方法在查找名言警句或专有名词时显得格外有用。

一些字符可以作为短语连接符。Google 将"-"、"\"、"."、"="和"..."等标点符号识别为短语连接符。

（4）特殊的搜索命令

有一些词后面加上冒号对 Google 有特殊的含义。例如，"site:"，要在某个特定的域或站点中进行搜索，可以在 Google 搜索框中输入"site:xxxxx.com"。还可以指定需要搜索内容的性质，例如要在 Google 站点上查找新闻，可以输入"新闻 site:www.google.com"，再单击"Google 搜索"按钮。特殊词"intitle:"是针对网页标题的搜索命令，例如，输入"intitle：家用电器"，表示要搜索标题含有"家用电器"的网页。

3. 搜索技巧

人们在工作和生活中，会遇到各种各样的疑难问题。很多问题其实都可以在网上找到解决办法。因为某类问题发生的概率是稳定的，而网络用户成千上万，于是遇到同样问题的人就会很多，其中一部分人会把问题发布在网络上求助，而另一部分人，可能就会把问题解决办法公布在网络上。有了搜索引擎，就可以把这些信息找出来。找这类信息，核心问题是如何构建查询关键词。一个基本原则是，在构建关键词时，尽量不要用自然语言（所谓自然语言，就是人们平时说话的语言和口气），而要从自然语言中提炼关键词。这个提炼过程并不容易，但是可以用这种方式思考："如果我知道问题的解决办法，我会怎样对此作出回答"。也就是说，猜测信息的表达方式，然后根据这种表达方式，取其中的特征关键词，从而达到搜索目的。

在网上进行搜索时应注意如下技巧：
① 表述准确。
② 查询词的主题关联与简练。
③ 根据网页特征选择查询词。

4. 著名的搜索引擎

（1）国外英文目录索引

- Yahoo —— 最著名的目录索引，搜索引擎开山鼻祖之一。
- Dmoz —— 由义务编辑维护的目录索引。
- Ask Jeeves —— 著名的自然语言搜索引擎，2002 年初收购 Teoma 全文搜索引擎。
- LookSmart —— 点击付费索引目录，2002 年收购 WiseNut 全文搜索引擎。

（2）国外英文搜索引擎

- Google —— 以搜索精度高、速度快成为最受欢迎的搜索引擎，是目前搜索界的领军人物。
- Fast/AllTheWeb —— 总部位于挪威的搜索引擎后起之秀，风头直逼 Google。
- AltaVista —— 曾经的搜索引擎巨人，目前仍被认为是最好的搜索引擎之一。
- Overture —— 最著名的搜索引擎广告商，竞价排名的始作俑者，也是全文搜索引擎。
- Lycos —— 发源于西班牙的搜索引擎，网络遍布世界各地。
- HotBot —— 隶属于 Lycos Networks，搜索结果来自其他搜索引擎及目录索引。

（3）国内目录索引

- 搜狐（Sohu）—— 国内三大门户之一，最早在国内推出搜索引擎收费登录服务。
- 新浪（Sina）—— 最大的中文门户网站，同样也推出了搜索引擎收费索引项目。
- 网易（Netease）—— 网易搜索是 ODP 的国内翻版，其目录由志愿管理员维护，是 Google 的网页搜索用户。

（4）国内搜索引擎

- 百度（Baidu）—— 国内唯一商业化的全文搜索引擎，提供搜狐、新浪、Tom 等站点网页搜索服务。
- 搜狗（sogou）—— 搜狗是搜狐公司的旗下子公司，于 2004 年 8 月 3 日推出，目的是增强搜狐网的搜索功能，主要经营搜狐公司的搜索业务。2010 年 8 月 9 日，搜狐与阿里巴巴宣布将分拆搜狗成立独立公司，引入战略投资，注资后的搜狗有望成为仅次于百度的中文搜索工具。2013 年 9 月 16 日，腾讯向搜狗注资 4.48 亿美元，并将旗下的腾讯搜搜业务和其他相关资产并入搜狗。
- 360 搜索（so.com）—— 360 搜索是奇虎 360 公司开发的基于机器学习技术的第三代搜索引擎，属于元搜索引擎。它是通过一个统一的用户界面帮助用户在多个搜索引擎中选择和利用合适的（甚至是同时利用若干个）搜索引擎来实现检索操作，是对分布于网络的多种检索工具的全局控制机制。此搜索具备"自学习、自进化"能力和发现用户最需要的搜索结果。

2.2 资源下载

　　资源下载是指通过网络进行传输文件，把互联网或其他电子计算机上的信息保存到本地计算机上的一种网络活动。下载可以显式或隐式地进行，只要是获得本地计算机上所没有的信息的活动，都可以认为是下载，如在线观看视频。下载方式可以是直接下载或使用下载软件下载。文件下载的最大问题是速度，使用下载工具下载资源一般比较快。

　　国内比较知名的下载软件有如下几种：Netants（网络蚂蚁）、Flashget（网际快车）、Net Transport（网络传送带）、Thunder（迅雷）、BitComet（BT）、eMule（电驴）、QQ 旋风等。

2.2.1　直接下载文件

当下载的文件比较小时，经常采用直接下载的方式下载。

案例2-1：从网上下载一幅图片到本地D盘。

Step 01 从IE浏览器进入到相关网页，然后在图片位置单击鼠标右键，在弹出的快捷菜单中选择"图片另存为"命令，如图2-21所示。

Step 02 弹出如图2-22所示的"保存图片"对话框。

图2-21　图片另存为

图2-22　"保存图片"对话框

Step 03 选择D盘，设置保存文件名和保存类型，然后单击"保存"按钮，完成图片的下载。

案例2-2：用户A需要上网下载迅雷软件到D盘。

Step 01 现在能够下载迅雷软件的网页有很多，可以直接用百度搜索。这里建议使用霏凡软件或未来软件园，进入相关页面可以看到如图2-23所示的内容，然后单击"高速下载"。

Step 02 在打开的新页面中可以看到很多下载按钮，如图2-24所示，单击其中某个按钮即可。

图2-23　迅雷下载

图2-24　迅雷下载链接

Step 03 弹出一个下载的窗口如图2-25所示，单击"保存"按钮，然后在"保存"对话框设置保存位置和保存文件名，即可下载。

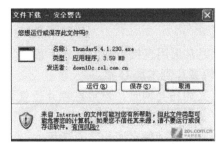

图2-25 "文件下载"对话框

2.2.2 使用迅雷软件下载文件

迅雷软件使用的先进的超线程技术基于网格原理，能够将存在于第三方服务器和计算机上的数据文件进行有效整合，通过这种先进的超线程技术，用户能够以更快的速度从第三方服务器和计算机获取所需的数据文件。当用户需要下载大文件时，可采用迅雷下载。迅雷作为新一代基于P2P技术的下载软件，以其下载速度比普通下载软件快5~6倍深受广大用户的喜爱。下面介绍迅雷7的使用方法。

迅雷7是一款新型的基于多资源超线程技术的下载软件，作为"宽带时期的下载工具"，迅雷针对宽带用户做了特别的优化，能够充分利用宽带上网的特点，带给用户高速下载的全新体验。同时，迅雷推出了"智能下载"的全新理念，通过丰富的智能提示和帮助，让用户真正享受到下载的乐趣。

迅雷7在UI界面和性能上有了巨大的改进和提升。Logo换成了一只蜂鸟，代表轻、快速、小巧。在界面方面，提供了华丽的外观，用户可以自由地切换配色方案或者自定义自己的个性化配色，甚至可以自由地拖放入一张自己的图片，而迅雷7会以自动提取背景图特征色的方式让整个界面的风格保持一致。

1. 迅雷7的界面（见图2-26）

图2-26 迅雷主界面

迅雷 7 主界面最大的变化就是新加入的"炫彩换肤"功能，通过 BOLT 引擎使该功能可以方便直观地对迅雷 7 主界面进行换肤操作，还能设置主界面的配色方案及主界面 / 任务列表的透明度，并支持 Windows 7 毛玻璃效果。用户也可通过直接拖曳图片到迅雷主界面的方式进行快捷的自定义皮肤设置，迅雷 7 会自动提取背景图特征色的方式让整个界面的风格保持一致。也可以调整界面的所有字体，换成用户自己安装的或系统自带的华文琥珀、火星文、隶书等。迅雷 7 的界面采用了独立的界面系统，Vista / Win7 和 WinXP 都能够享受玻璃效果。

2．迅雷添加下载任务

（1）迅雷监视浏览器单击事件。当单击 URL 时，迅雷可监视该 URL，如果 URL 符合下载要求，该 URL 就自动添加到下载任务列表中，为了和浏览器有更好的兼容性，可设置为需要使用 Alt 键时才允许捕获浏览器单击。

（2）扩展的 IE 弹出式菜单。迅雷会添加"使用迅雷下载"、"使用迅雷下载全部链接"、"使用迅雷离线下载"三个菜单项到 IE 的右键菜单中，以便用户选择下载本页选择的链接或所有链接到本地目录，如图 2-27 所示。

图2-27 迅雷添加下载任务

（3）直接输入 URL。在迅雷面板的"我的下载"中选择"新建"命令，可以手动添加下载任务。

3．迅雷的常用设置

在迅雷的"我的下载"面板，选择 ⚙ 按钮可以进入到迅雷的常用属性设置面板。在该面板包括"基本设置"、"我的下载"、"模式和提醒"三个模块。

（1）"基本设置"面板主要进行"启动设置"、下载文件默认存放目录和迅雷外观设置，如图 2-28 所示。

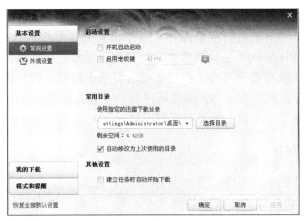

图2-28　迅雷的常用设置对话框

（2）"我的下载"面板设置的属性比较多，主要进行下载任务管理和任务模式的设置，默认任务属性的设置，监视设置，BT 设置，eMule 设置，代理设置和下载加速设置，如图 2-29 所示。

（3）"模式和提醒"面板主要进行下载模式设置和信息提醒的相关提示，如图 2-30 所示。

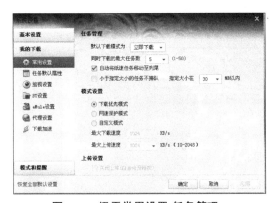

图2-29　迅雷常用设置-任务管理

图2-30　迅雷常用设置-模式和提醒

4．迅雷的文件管理

对下载文件进行分类管理，是迅雷最重要、最实用的功能之一。迅雷用类别的概念管理文件，默认三个类别"正在下载"、"已下载"、"垃圾箱"，所有未完成的任务都存放在"正在下载"的类别中，所有已经完成的任务都放在"已下载"的类别中，被删除的未完成和已完成的任务都放在"垃圾箱"中，只有从"垃圾箱"中删除才是永久删除。

2.3　即时通信——腾讯QQ

腾讯 QQ（简称"QQ"）是腾讯公司开发的一款基于 Internet 的即时通信（IM）软件。其标志是一只系着红色围巾的企鹅。腾讯 QQ 支持在线聊天、视频聊天及语音聊天、点对点断点续传文件、共享文件、网络硬盘、自定义面板、远程控制、QQ 邮箱、传送离线文件等多种功能，并可与移动通信终端等多种通信方式相连，是国内最为流行、功能最强的即时通信软件。

1．QQ 软件的安装

QQ 软件的安装非常容易，进入腾讯公司的主页（http://www.qq.com），单击腾讯软件的链接，进入软件下载的页面，选择最新版本的 QQ 软件直接下载存放到桌面；然后在桌面上双击已经下载的 QQ 安装文件，解压；接着就开始安装，只需要按照提示连续单击"下一步"按钮，最后单击"完成"按钮即可。

2．QQ 号码的申请

Step 01 双击桌面上的 QQ 图标，然后在如图 2-31 所示的对话框中，单击"注册账号"按钮，或直接进入网页 http://zc.qq.com，即进入 QQ 号码申请页面。

Step 02 在"QQ 注册"页面的左边窗口中选择"QQ 账号"按钮，然后按要求输入注册人的一些基本资料，例如，昵称、密码、性别、生日、所在地、验证码等，再单击"立即注册"按钮，如图 2-32 所示。

图2-31　QQ登录界面

图2-32　QQ注册页面

Step 03 根据提示输入注册人的手机号码，单击"下一步"按钮，然后根据系统提示用注册人的手机号发送短信 1 到 1069070059，获得 QQ 账号，如图 2-33 所示。

图2-33　QQ注册步骤

3．查找和添加好友

第一次使用 QQ 号登录时，好友名单是空的；如果和其他人联系必须先添加好友，对方通过请求验证后，才可以互发信息或文件。

查找好友的方法是，单击 QQ 面板下面的"查找"按钮，在弹出的查找页面根据自己的需要查找即可，如图 2-34 所示。可以根据自己好友的 QQ 号码和昵称查找添加好友；如果想加入到某个群，则单击群标签根据群号查找添加。

例如，已知好友 QQ 账号，则可直接输入账号单击查找，在找到的结果中单击"加好友"按钮进入添加好友对话框，进入发送验证信息对话框，输入验证信息单击"下一步"按钮，如图 2-35 所示，进入将好友添加备注姓名和分组对话框；再单击"下一步"按钮完成添加好友请求的操作，接下来等待对方验证，对方验证通过则完成好友添加，如图 2-36 所示。

图2-34　QQ添加好友步骤1-查找好友

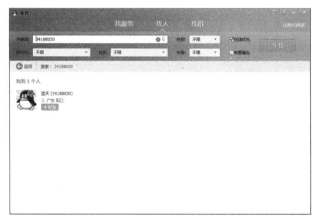

图2-35　QQ添加好友步骤2-添加好友

图2-36　QQ添加好友步骤3-发出验证信息和完成验证

4. QQ 好友聊天

（1）发送消息

首先应使QQ处于在线状态，然后打开QQ面板，双击好友的头像；或者在好友的头像上单击鼠标右键，从快捷菜单中选择"发送即时消息"命令，都会弹出如图2-37所示的对话框。然后在这个对话框的左下部分可以输入文字和选择表情填入，输入文字以后，单击"发送"按钮将消息发送出去。

图2-37　QQ即时聊天界面

（2）接受和回复消息

好友向用户发送消息后，如果用户的QQ是在线的，可即时收到；如果当时不在线，那么以后只要用户的QQ上线就会马上收到消息。回复时输入文字，然后单击"发送"按钮即可。

另外，单击对话框中的好友头像可查看对方资料。

5．用 QQ 传送文件

用 QQ 传送文件包括跟好友传递任何格式的文件，如图片、文档、歌曲等。需要注意的是，传送文件已经可以实现断点续传，传大文件再也不用担心中途断开了。双击好友的头像，打开聊天对话窗口，单击上方的 按钮，再选择"发送文件 / 文件夹"命令，在弹出的"打开"对话框中，选取计算机上需要传送的文件；单击"打开"按钮，聊天窗口会出现等待对方的接收许可的提示。如果对方此时不在线，也可进行离线发送。

2.4 论坛与博客

2.4.1 论坛的注册与发帖

论坛全称为 Bulletin Board System（电子公告板）或者 Bulletin Board Service（公告板服务），是 Internet 上的一种电子信息服务系统。它提供一块公共电子白板，每个用户都可以发帖，发布信息或提出看法。它是一种交互性强、内容丰富而及时的 Internet 电子信息服务系统，用户在 BBS 站点上可以获得各种信息服务、发布信息、进行讨论、聊天等。

论坛一般由站长（创始人）创建，并设立各级管理人员对论坛进行管理，包括论坛管理员（Administrator）、超级板主（Super Moderator，有的称"总板主"）、板主（Moderator，又称"斑猪"、"斑竹"）。超级板主具有低于站长（创始人）的第二权限（不过站长本身也是超级板主，超级管理员，即 Administrator），可以管理所有的论坛板块（普通板主只能管理特定的板块）。

网络上有各种各样的论坛，下面以天涯论坛（http://bbs.tianya.cn/）为例，介绍论坛的注册和发帖 / 回帖。

1．注册

Step 01 单击论坛页面左上角的"注册"按钮，进入注册页面，按照要求填写需要信息，单击"立即注册"按钮，进入激活账号界面，如图 2-38 所示。

图2-38 天涯注册页面1

Step 02 登录注册邮箱，激活账户，进入补充登记信息界面，如图2-39所示。完成信息补充，单击"完成"按钮即可用注册账户登录论坛。

图2-39　天涯注册页面2

2.　发帖和回帖

Step 01 发帖前要进入用户要发帖的板块。

Step 02 进入后，单击论坛页面右上角的"新帖"按钮。

Step 03 在文本框中输入标题和内容后，单击最下方的"发新话题"按钮即可。

Step 04 回帖前，先要进入用户要回复的帖子。

Step 05 进入帖子后，拖动鼠标到帖子的底部，单击"回复"按钮。

Step 06 具体回复的方法和发帖一样。

3.　发布图片

Step 01 在发新帖和回帖时，可能要发布图片，发布图片同样很简单。

Step 02 首先找到上传图片的位置，上传图片是通过上传附件的方式进行的。

Step 03 单击"浏览"按钮，弹出一个对话框，找到要上传图片所在的目录，导入图片，单击"确定"按钮发布图片。

2.4.2　博客的使用

　　"博客"（Blog 或 Weblog）一词源于"Web Log（网络日志）"的缩写，是一种十分简易的个人信息发布方式。通过博客，任何人都可以像免费电子邮件的注册、撰写和发送一样，完成个人网页的创建、发布和更新。非计算机专业人员也可建立个人网站。博客是一种"零进入壁垒"的网上个人出版方式，"零进入壁垒"主要是满足"四零"条件（零编辑、零技术、零成本、零形式）。可以充分利用超文本链接、网络互动、动态更新的特点，可以将个人工作过程、生活故事、思想历程、闪现的灵感等及时记录和发布，发挥个人无限的表达力；更可以以文会友，结识和汇聚朋友，进行深度交流沟通。Blog 是继 E-mail、BBS、ICQ 之后出现的第4种网络交流方式。下面以新浪博客为例介绍博客的使用。

1．注册博客

登录新浪首页 http://www.sina.com.cn/，单击右上角的"博客"按钮，进入新浪博客登录页面，如图 2-40 所示；单击"注册新浪博客"，进入注册页面，如图 2-41 所示；根据页面输入所需要的信息，完成注册如图 2-42 所示。

图2-40　新浪Blog登录和注册界面

图2-41　新浪Blog注册步骤1

图2-42　新浪Blog注册完成

2．修改头像和昵称

Step 01 单击博客头像上面的"管理"按钮。

Step 02 在"修改个人资料"页面，单击"头像昵称"标签，如果需要更换头像，单击头像栏后面的"浏览"按钮，选择需要替换的头像图片后，再单击"打开"按钮。

Step 03 调整头像大小和位置后，单击"保存"按钮，用户的头像就会改变。

Step 04 修改昵称，方法更简单，就是在"头像昵称"标签页直接修改昵称名称，保存即可。

3．发博文

单击"发博文"按钮，进入编辑用户的博文。完成博文的编辑后可以选择博文的分类、权限、投稿和同步到微博；如果觉得还不够完善可以保存到草稿箱，下次再编辑。博文编写好后，单击"发博文"按钮，一篇博客就发送成功了，如图2-43所示。

图2-43 博文编辑和发送

4. 新版博客置顶文章、修改文章和删除文章

Step 01 单击"博文目录"进入自己的文章列表。

Step 02 文章管理中，单击"编辑"按钮，可以重新修改文章；单击"更多"按钮可以删除文章或把某一篇文章置顶。

Step 03 进入草稿箱继续写上次没有写完的文章，修改后保存或者修改后发表。

Step 04 进入回收站查看已经删除的文章，彻底删除或者恢复发表。

5. 修改个人资料和博客密码

Step 01 单击个人资料旁边的"管理"，在此可以对个人资料等进行修改（包括性别等）。

Step 02 单击"登录密码"标签，修改自己的邮箱地址和博客密码，如图2-44所示。

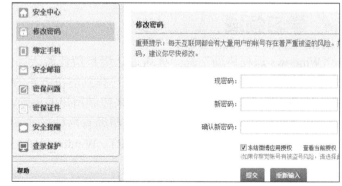

图2-44 修改个人资料和密码

6. 页面设置

Step 01 在个人博客首页，单击右上部的"页面设置"按钮，博客顶部会出现相关的"风格设置"、"版式设置"、"组件设置"等。

Step 02 单击导航条上的"组件设置"标签；在打开的模块设置窗口中，勾选要添加的模块，取消勾选不需要显示的该模块，勾选完成后单击"保存"按钮，则可完成模块的添加。

Step 03 单击"风格设置"标签，在这里可选择一种页面风格，如图 2-45 所示。

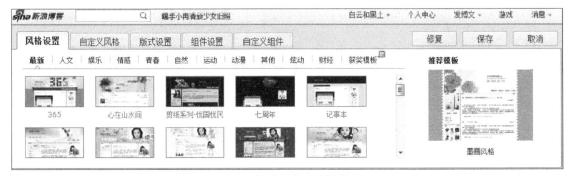

图2-45 博客添加和删除模块

任务2-2 客户端远程登录到另一台主机

 任务解读

网络技术班的学生李敏，在自己宿舍的计算机上调试运行自己用 C# 语言编写的程序，可是总会弹出一个错误，导致程序不能调试成功。李敏经过多次认真检查，依然不知道问题出在哪里。现在向任课吴老师求助，吴老师不在身边，希望老师能远程登录李敏的计算机，操作计算机，调试程序，以检查错误并修改程序错误。

 学习领域

"Windows 远程协助"是一种通过让用户信任的人（例如好友或技术支持人员，即使这个人不在附近）连接到其计算机并帮用户找到解决方案的方法。得到用户的允许后，帮助者甚至可以使用他 / 她自己的鼠标和键盘来控制用户的电脑，并向用户演示如何解决问题。

使用"Windows 远程协助"来获取帮助有两种方式。如果用户和其帮助者的计算机运行的是 Windows 7、Windows 8、Windows RT、Windows 8.1 或 Windows RT 8.1，则可以使用"轻松连接"。否则，应使用邀请文件。

注意：在允许他人连接到你的计算机之前，最好关闭所有不希望帮助者看到的已打开的应用或文件。在任何时候你感到帮助者在你的电脑上所进行的操作不妥当，可以单击"停止共享"或关闭该应用。为确保只有你邀请的人才能使用"Windows 远程协助"连接到你的电脑，所有会话都要进行加密和密码保护。

任务实施

为了方便讲解，假设学生李敏的计算机为 A，吴老师的计算机为 B，且他们的操作系统同为 Windows 8 或 Windows 7。

1. 在 A、B 两台计算机上共同设置允许远程访问

单击开始菜单，找到控制面板，并单击"系统"，打开远程设置，看到如图 2-46 所示的界面。或者从"我的电脑"快捷菜单中选择"属性"→"远程"命令，在弹出的"系统属性"对话框中进行如下选择。图 2-46 中"远程"选项卡下 3 个选项的含义如下。

（1）"不允许远程连接到此计算机"——这样可以阻止任何人使用远程桌面连接到用户的计算机。

（2）"允许远程连接到此计算机"——如果不确定将要连接过来的计算机操作系统，可以选择这一项，安全性较低。

（3）"仅允许进行使用网络级身份验证的远程桌面的计算机连接（建议）"——目前 Vista、Windows 2008、Windows 7 和 Windows 8 均支持网络级身份验证。

图2-46 远程连接步骤1

2. 使用"轻松连接"获取远程协助帮助

（1）计算机 A 的操作

在如图 2-47 所示的界面中，设置好了"允许远程访问你的计算机"和"允许从这台计算机发送远程协助的邀请"，并且选择能够使用远程桌面的用户。直接点击"系统"中第四

个选项——"邀请某人连接到你的电脑为你提供帮助，或者帮助其他人"。

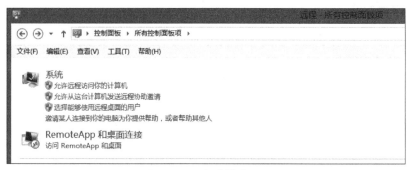

图2-47　远程连接步骤2

再单击如图 2-48 所示的"邀请信任的人帮助你"，进入图 2-49 所示的界面。第一邀请则选择"请求某个人帮助你"；如果曾经邀请过，则直接选择邀请过的账号即可。第一次要求会产生通信密码，如图 2-50 所示，将该回话密码告诉请求帮助的计算机 B（告诉另一方的吴老师），然后等待计算机 B 的连接。

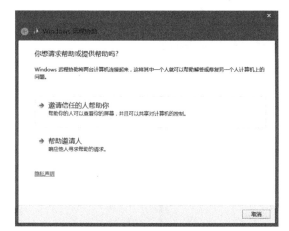 

图2-48　远程连接步骤3　　　　　　　　　　图2-49　远程连接步骤4

图2-50　远程连接步骤5

（2）计算机 B 的操作

远程连接步骤1、步骤2的操作与计算机 A 相似，在步骤3，如图 2-48 所示，计算机 B 选择"帮助邀请人"，并与计算机 A 一样，选择"轻松连接"，并在图 2-51 所示的对话框输入从计算机 A 获得的通信密码。密码输入完成，计算机 A、B 连接成功，在计算机 A 端出现对话框，如图 2-52 所示，单击"是"按钮，则计算机 B 端可查看到计算机 A 的桌面。在计算机 B 中，单击"请求控制"，则可以对计算机 A 发起控制桌面和操作计算机 A 的请求，计算机 A 接受计算机 B 的控制，则实现远程协助。

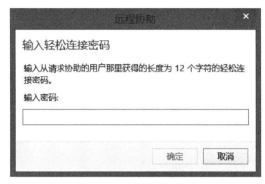

图2-51　远程连接步骤6

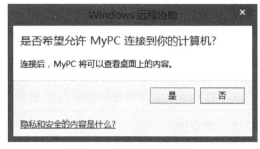

图2-52　远程连接步骤7

计算机 A 的操作：如果计算机 A 要中断连接，则只要在如图 2-53 所示的对话框中单击"暂停"或"停止共享"按钮即可中断连接。

图2-53　远程连接步骤8

思考与动手

一、选择题

1．Internet 的基本结构与技术起源于（　　　）。

A．DECnet　　　　　　B．ARPAnet　　　　　　C．Novell　　　　　　D．UNIX

2．关于 WWW 服务，以下哪种说法是错误的？（　　　）

A．WWW 服务采用的主要传输协议是 HTTP

B．WWW 服务以超文本方式组织网络多媒体信息

C．用户访问 Web 服务器可以使用统一的图形用户界面

D．用户访问 Web 服务器不需要知道服务器的 URL 地址

3．下列描述哪一种说法是最不准确的？（　　　）

A．域名被一个机构注册后，仍可以被其他机构再次注册

B．域名只有在专门机构注册，才可以使用

C．域名可以作为商标或某个企业的标识，因此有"网络商标"之称

D．其他 3 种说法都是错误的

4．关于搜索引擎的概念，下列哪种说法是不正确的？（　　　）

A．搜索引擎是一类运行特殊程序的、专用于帮助用户查询互联网上的 WWW 服务信息

的 Web 站点

  B．在互联网中用来进行搜索信息的程序叫作搜索引擎（Search Engine）

  C．搜索引擎能为用户提供检索服务，从而起到信息导航的目的

  D．搜索引擎是一种在互联网中搜集、发现信息，并对信息进行理解、提取、组织和处理的计算机网络设备

  5．搜索引擎向用户提供的信息查询服务方式一般有哪两种？（ ）

  A．标题分类检索服务和关键字检索服务

  B．目录分类检索服务和 BBS 检索服务

  C．目录分类检索服务和关键字检索服务

  D．电子邮件检索服务和组合检索服务

二、填空题

  1．搜索引擎包括＿＿＿＿＿＿＿、目录索引、＿＿＿＿＿＿＿、垂直搜索引擎、集合式搜索引擎、门户搜索引擎与免费链接列表等。

  2．FTP 即＿＿＿＿＿＿＿，是在 TCP/IP 网络和 Internet 上最早使用的协议之一，它属于网络协议组的应用层。FTP 客户机可以给服务器发出命令来＿＿＿＿＿＿＿，＿＿＿＿＿＿＿。

  3．通过＿＿＿＿＿＿＿我们可以在网络的一端实时地操作网络另一端的计算机。

  4．Blog 指＿＿＿＿＿＿＿，是一种传播个人思想，带有知识集合链接的出版方式。

  5．＿＿＿＿＿＿＿是指能够即时发送和接收互联网消息等的业务，代表的软件有 QQ、百度 hi、网易泡泡、盛大圈圈、淘宝旺旺等。

三、思考题

  1．使用搜索引擎制作一份去西藏的旅行计划，包括时间安排、行程安排、景点介绍、旅途风光介绍和旅途风情介绍。

  2．即时聊天工具，添加好友。用 QQ 或 MSN 在班级中添加好友，建立好友群，尝试和好友收发文件、图片，建立班级群。

第3章

传输介质与网络设备

本章主要介绍目前连接互联网的传输介质和网络设备，通过本章的学习读者应该掌握以下内容：

- 传输介质的种类和各传输介质的特点。
- 认识网卡的功能和安装设置。
- 了解交换机、集线器和路由器的功能及工作原理。

任务3-1　双绞线的制作

 任务解读

某网络管理员因工作需要，需要将一个办公室内的 7 台计算机连接共享上网。设备购买回来了，现在需要完成制作网线，并将 7 台计算机连接到路由器。

 学习领域

网线根据用途分为两种：一种是交叉线，一种是直通线。如果连接的双方地位不对等，则使用直通线。例如，计算机连接到路由器或交换机。如果连接的两台设备是对等的，则使用交叉线。例如，计算机连接到计算机。交叉线的做法是：一头采用 TIA/EIA 568A 标准，一头采用 TIA/EIA 568B 标准。直通线的做法是：两头同为 TIA/EIA 568A 标准或 TIA/EIA 568B 标准（一般用到的都是 TIA/EIA 568B 平行线的做法）。

TIA/EIA 568A 标准：绿白、绿、橙白、蓝、蓝白、橙、棕白、棕。

TIA/EIA 568B 标准：橙白、橙、绿白、蓝、蓝白、绿、棕白、棕。

此任务需要用网线将多台计算机连接到路由器，所以需要制作直通双绞线。

任务实施

双绞线的连接方式主要有直通方式和交叉方式。国际上常用的制作双绞线的标准包括 EIA/TIA 568A 和 EIA/TIA 568B 两种。

直通方式的双绞线，一般主要用于计算机与集线器（或交换机）或配线架与集线器（或交换机）等不同设备的连接，直通线的电缆两端都应按 TIA/EIA 568A 标准（或 TIA/EIA 568B 标准）的线序连接。

交叉方式的双绞线，一般用于集线器与集线器或网卡与网卡等相同设备的连接。交叉线的电缆一端按 TIA/EIA 568A 标准的线序连接，另一端应按 TIA/EIA 568B 标准的线序连接。

EIA/TIA 568A 的线序定义依次为绿白、绿、橙白、蓝、蓝白、橙、棕白、棕，其标号如下所示。

绿白	绿	橙白	蓝	蓝白	橙	棕白	棕
1	2	3	4	5	6	7	8

EIA/TIA 568B 的线序定义依次为橙白、橙、绿白、蓝、蓝白、绿、棕白、棕，其标号如下所示。

橙白	橙	绿白	蓝	蓝白	绿	棕白	棕
1	2	3	4	5	6	7	8

（1）直通线的做法

标准做线方法：双绞线的两端都按 568A 或 568B 标准定义的针脚进行做线。

非标准做线方法：由用户自己定义一端的序号，另一端完全按照和前面相同的序号排列。

（2）交叉线的做法

标准做线方法：双绞线一端按 568A 排线，另一端按 568B 来排线。

非标准做线方法：先按照直通线的方式定义两端的线序，然后将另一端的序号调整即可，保证一端的橙色和另一端的绿色搭配，橙白色和绿白色搭配。

（3）做线步骤

Step 01 剥线：使用剥线钳将双绞线的外层剥掉。注意将剥线钳轻轻压下，然后环绕双绞线转动一圈，不能用力过猛，防止将线缆的内层割掉，如图 3-1、图 3-2 所示。

图3-1　剥线步骤1

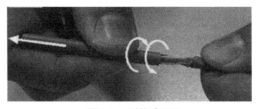

图3-2　剥线步骤2

Step 02 排线：定义双绞线的线序和做线方式，将线缆的内层8根线序摆平，按照要求的线序排列，如图3-3所示。

Step 03 剪线：使用剥线钳将线缆的头部剪齐，如图3-4所示。

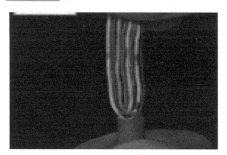

图3-3　排线

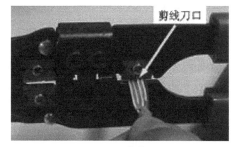

剪线刀口

图3-4　剪线

Step 04 插线：把剪好的线序插入水晶头（值得注意的是，水晶头的接口应该面向用户），保持用力均衡，要让线序保持一致，都完整地插到水晶头的底部，如图3-5所示。

Step 05 压线：把插好线的水晶头移入压线钳下面对应的压线口下，查看刚才的插线位置是否被移动，线序是否插到水晶头底部，确认无误后，使用压线钳压线。压线成功后，水晶头的8个弹簧片将都被切在对应的线序上面。双绞线的两头都应该按照上面描述的序列进行，如图3-6所示。

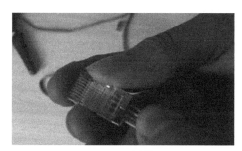

图3-5　插线

压头槽

图3-6　压线

Step 06 测试：将做好的线缆两头分别插入测线仪，观察测线仪指示灯的闪动情况，由此判断线缆是否制作成功。将网线两端的水晶头分别插入主测试仪和远程测试端的RJ-45端口，将开关拨到"ON"（S为慢速档），这时主测试仪和远程测试端的指示头就应该逐个闪亮。主测试仪如图3-7所示。

①直通连线的测试：测试直通连线时，主测试仪的指示灯应该从1到8逐个顺序闪亮，而远程测试端的指示灯也应该从1到8逐个顺序闪亮。如果是这种现象，说明直通线的连通性没问题，否则就得重做。

②交错连线的测试：测试交错连线时，主测试仪的指示灯也应该从1到8逐个顺序闪亮，而远程测试端的指示灯应该按着3、6、1、4、5、2、7、8的顺序逐个闪亮。如果是这样，说明交错连线连通性没问题，否则就得重做。

③若网线两端的线序不正确，主测试仪的指示灯仍然从1到8逐个闪亮，只是远程测试端的指示灯将按与主测试端连通的线号的顺序逐个闪亮。也就是说，远程测试端不能按①和②的顺序闪亮。

Step 07 导线断路测试的现象。

①当有1到6根导线断路时，则主测试仪和远程测试端的对应线号的指示灯都不亮，其他的灯仍然可以逐个闪亮。

②当有7根或8根导线断路时，则主测试仪和远程测试端的指示灯全都不亮。

Step 08 导线短路测试的现象。

①当有两根导线短路时，主测试仪的指示灯仍然按着从1到8的顺序逐个闪亮，而远程测试端两根短路线所对应的指示灯将被同时点亮，其他的指示灯仍按正常的顺序逐个闪亮。

②当有三根或三根以上的导线短路时，主测试仪的指示灯仍然从1到8逐个顺序闪亮，而远程测试端的所有短路线对应的指示灯都不亮。

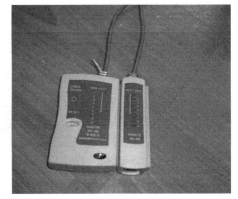

图3-7　主测试仪

Step 09 检测正常则完成网线的制作。

3.1　传输介质

网络传输介质是指在网络中传输信息的载体，常用的传输介质分为有线传输介质和无线传输介质两大类。有线传输介质主要有双绞线、同轴电缆和光纤，双绞线和同轴电缆传输电信号，光纤传输光信号。无线传输介质指人们周围的自由空间，利用无线电波在自由空间的传播可以实现多种无线通信。在自由空间传输的电磁波，根据频谱可分为无线电波、微波、红外线、激光等。

3.1.1　双绞线

双绞线简称TP，将一对以上的双绞线封装在一个绝缘外套中，为了降低信号的干扰程度，电缆中的每一对双绞线一般由两根绝缘铜导线相互扭绕而成。双绞线分为屏蔽双绞线（Shielded Twisted Pair，STP）与非屏蔽双绞线（Unshielded Twisted Pair，UTP），如图3-8、图3-9所示。双绞线适合于短距离通信，需用RJ-45或RJ-11连接头插接。

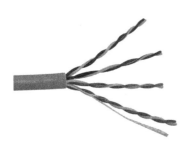

图3-8　非屏蔽双绞线

图3-9　屏蔽双绞线

双绞线有 3 类线、4 类线、5 类线和超 5 类线，以及最新的 6 类线等形式。在组建以太网（应用最广泛的局域网）时，主要使用超 5 类双绞线。

UTP 具有低成本、重量轻、尺寸小、易弯曲、易安装、阻燃性好、适于结构化综合布线等优点，在一般的局域网建设中被广泛采用，但它也存在传输时有信息辐射、容易被窃听等缺点。

STP 有 150Ω、200Ω 两种抗阻形式，具有抗电磁干扰能力强、传输质量高等优点；但它也存在接地要求高、安装复杂、弯曲半径大、成本高等缺点，尤其是如果安装不规范，实际效果会更差。所以屏蔽双绞线的实际应用并不多。

3.1.2 同轴电缆

同轴电缆（Coaxial）是指有两个同心导体，而导体和屏蔽层又共用同一轴心的电缆。最常见的同轴电缆由绝缘材料隔离的铜线导体组成，在里层绝缘材料的外部是另一层环形导体及其绝缘体，整个电缆由聚氯乙烯或特氟纶材料的护套包住。从用途上分，同轴电缆可分为 50Ω 基带电缆（细缆）和 75Ω 宽带电缆（粗缆）两类。基带电缆又分为细同轴电缆和粗同轴电缆。基带电缆仅仅用于数字传输，数据率可达 10Mbps。同轴电缆由里到外分为 4 层，如图 3-10 所示：中心铜线（单股的实心线或多股绞合线）、塑料绝缘体、网状导电层和电线外皮。中心铜线和网状导电层形成电流回路。同轴电缆的这种结构使它具有更高的带宽和极好的噪声抑制特性，因此可以以更高的速度传输得更远。

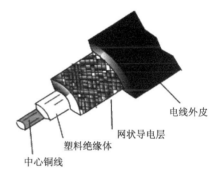

电线外皮
网状导电层
塑料绝缘体
中心铜线

图3-10 同轴电缆

1．细缆

细缆的直径为 0.26cm，最大传输距离为 185m，使用时与 50Ω 终端电阻、T 型连接器、BNC 接头与网卡相连，线材价格和连接头成本都比较低，而且不需要购置集线器等设备，十分适合架设终端设备较为集中的小型以太网。缆线总长不应超过 185m，否则信号将严重衰减。

2．粗缆

粗缆（RG-11）的直径为 1.27cm，最大传输距离可达 500m。由于直径相当大，因此它的弹性较差，不适合在室内狭窄的环境内架设，而且 RG-11 连接头的制作方式也相对要复杂，并不能直接与计算机连接，它需要通过一个转接器转成 AUI 接头，然后再接到计算机上。由于粗缆的强度较强，最大传输距离也比细缆长，因此粗缆的主要用途是扮演网络主干的角色，用来连接数个由细缆所结成的网络。

3.1.3 光纤

光纤又称为光缆或光导纤维，是由一组光导纤维组成的用来传播光束的、细小而柔韧的传输介质，由光导纤维纤芯、玻璃网层和能吸收光线的外壳组成。光纤的外观、结构如图 3-11、

图3-12所示。光纤具有频带宽、损耗低、重量轻、抗干扰能力强、保真度高、工作性能可靠、成本不断下降等优点。

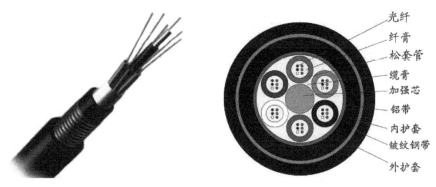

图3-11 光纤的外观　　　　　　　图3-12 光纤的结构

通常，光纤的一端的发射装置使用发光二极管（Light Emitting Diode，LED）或一束激光将光脉冲传送至光纤，光纤的另一端的接收装置使用光敏元件检测脉冲。由于光在光导纤维的传导损耗比电在电线传导的损耗低得多，光纤被用作长距离的信息传递。根据传输点模数的不同，光纤可分为单模光纤和多模光纤。所谓的"模"是指以一定角速度进入光纤的一束光。单模光纤采用固体激光器做光源，多模光纤采用发光二极管做光源。

在多模光纤中，芯的直径有50μm和62.5μm两种，大致与头发的粗细相当。而单模光纤芯的直径为8μm~10μm，常用的是9/125μm。芯外面包围着一层折射率比芯低的玻璃封套，以使光线保持在芯内。外面是一层薄的塑料外套，用来保护封套。光纤通常扎成束，外面有外壳保护，包覆后的缆线即称为光缆。

光纤传输有许多突出的优点，内容如下。

（1）频带宽：频带的宽窄代表传输容量的大小。载波的频率越高，可以传输信号的频带宽度就越大。在VHF频段，载波频率为48.5MHz~300MHz；带宽约为250MHz，只能传输27套电视和几十套调频广播。可见光的频率达100 000GHz，比VHF频段高出一百多万倍。尽管由于光纤对不同频率的光有不同的损耗，使频带宽度受到影响，但在最低损耗区的频带宽度也可达30 000GHz。目前单个光源的带宽只占了其中很小的一部分（多模光纤的频带约几百兆赫，好的单模光纤可达10GHz以上），采用先进的相干光通信可以在30 000GHz范围内安排2 000个光载波，进行波分复用，可以容纳上百万个频道。

（2）损耗低：在同轴电缆组成的系统中，最好的电缆在传输800MHz信号时，每千米的损耗都在40dB以上。相比之下，光导纤维的损耗则要小得多，传输1.31μm的光，每千米损耗在0.35dB以下；若传输1.55μm的光，每千米损耗更小，可达0.2dB以下。这就比同轴电缆的功率损耗要小得多，使其能传输的距离要远得多。此外，光纤传输损耗还有两个特点，一是在全部有线电视频道内具有相同的损耗，不需要像电缆干线那样必须引入均衡器进行均衡；二是其损耗几乎不随温度而变，不用担心因环境温度变化而造成干线电平的波动。

（3）重量轻：光纤非常细，单模光纤芯线直径一般为4μm~10μm，外径也只有125μm，加上防水层、加强筋、护套等，用4~48根光纤组成的光缆直径还不到13mm，比标准同轴电缆的直径47mm要小得多，加上光纤是玻璃纤维，比重小，使它具有直径小、重量轻的特点，安装十分方便。

（4）抗干扰能力强：光纤的基本成分是石英，只传光，不导电，不受电磁场的作用，在其中传输的光信号不受电磁场的影响，故光纤传输对电磁干扰、工业干扰有很强的抵御能力。也正因为如此，在光纤中传输的信号不易被窃听，因而利于保密。

（5）保真度高：光纤传输一般不需要中继放大，不会因为放大引入新的非线性失真，只要激光器的线性好，就可高保真地传输信号。

（6）工作性能可靠：一个系统的可靠性与组成该系统的设备数量有关，设备越多，发生故障的机会越大。光纤系统包含的设备数量少，可靠性高，加上光纤设备的寿命都很长，无故障工作时间达 50 万 ~75 万小时，其中寿命最短的是光发射机中的激光器，最低寿命也在10 万小时以上。

（7）成本不断下降：目前，有人提出了新摩尔定律，也叫做光学定律（Optical Law）。该定律指出，光纤传输信息的带宽，每 6 个月增加 1 倍，而价格降低 1 倍。光通信技术的发展，为 Internet 宽带技术的发展奠定了非常好的基础。由于制作光纤的材料 (石英) 来源十分丰富，随着技术的进步，成本还会进一步降低；而电缆所需的铜原料有限，价格会越来越高，因此今后光纤传输将占绝对优势，成为最主要传输手段。

3.1.4 无线传输介质

无线介质可以在自由空间利用电磁波发送和接收信号来进行通信，称为无线传输。地球上的大气层为大部分无线传输提供了物理通道，就是常说的无线传输介质。无线传输所使用的频段很广，人们现在已经利用了好几个波段进行通信。

1. 无线电波

无线电波是指在自由空间（包括空气和真空）传播的射频频段的电磁波。无线电技术是通过无线电波传播声音或其他信号的技术。无线电技术的原理在于，导体中电流强弱的改变会产生无线电波。利用这一现象，通过调制可将信息加载于无线电波之上。当电波通过空间传播到达收信端，电波引起的电磁场变化又会在导体中产生电流。通过解调将信息从电流变化中提取出来，就达到了信息传递的目的。无线电波传输示意图如图 3-13 所示。

2. 微波

微波是指频率为 300MHz~300GHz 的电磁波，是无线电波中一个有限频带的简称，即波长在 1 毫米到 1 米（不含 1 米）之间的电磁波，是分米波、厘米波、毫米波和亚毫米波的统称。微波频率比一般的无线电波频率高，通常也称为"超高频电磁波"。微波的基本性质通常呈现为穿透、反射、吸收三个特性：对于玻璃、塑料和瓷器，微波几乎是穿越而不被吸收；对于水和食物等就会吸收微波而使自身发热；而对金属类的物体，则会反射微波。微波传输示意图如图 3-14 所示。

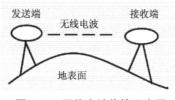

图3-13　无线电波传输示意图

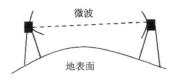

图3-14　微波传输示意图

3．红外线和激光

红外线是太阳光线中诸多不可见光线中的一种，由德国科学家霍胥尔于1800年发现，又称为红外热辐射。他将太阳光用三棱镜分解开，在各种不同颜色的色带位置上放置了温度计，试图测量各种颜色的光的加热效应。结果发现，位于红光外侧的那支温度计升温最快。因此得到结论：太阳光谱中，红光的外侧必定存在看不见的光线，这就是红外线，也可以当作传输媒介。太阳光谱上红外线的波长大于可见光线，波长为$0.75\sim1000\mu m$。如图3-15所示为光谱。红外线可分为三部分，即近红外线，波长为$0.75\sim1.50\mu m$；中红外线，波长为$1.50\sim6.0\mu m$；远红外线，波长为$6.0\sim1000\mu m$。红外线有不易被人发现和截获，保密性强，几乎不会受到天气、人为干扰，抗干扰性强等优点。此外，红外线通信机体积小，重量轻，结构简单，价格低廉。但是它必须在直视距离内通信，且传播受天气的影响。在不能架设有线线路，而使用无线电又怕暴露自己的情况下，使用红外线通信比较好。

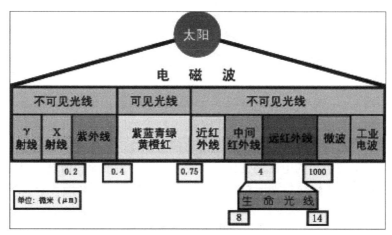

图3-15　光谱

激光通信和红外线通信、微波通信一样，有很强的方向性，都是沿着直线传播的。红外线通信和激光通信把要传输的信号分别转换为红外线信号和激光信号，直接在空间传播。

4．卫星通信

卫星通信简单地说就是地球上（包括地面和低层大气中）的无线电通信站间利用卫星作为中继而进行的通信。卫星通信系统由卫星和地球站两部分组成。卫星通信的特点是：通信范围大；只要在卫星发射的电波所覆盖的范围内，从任何两点之间都可进行通信；不易受陆地灾害的影响（可靠性高）；只要设置地球站电路即可开通（开通电路迅速）；同时可在多处接收，能经济地实现广播、多址通信（多址特点）；电路设置非常灵活，可随时分散过于集中的话务量；同一信道可用于不同方向或不同区间（多址联接）。从覆盖面积来讲，一颗通信卫星可覆盖地球面积的三分之一多，若在地球赤道上等距离放上三颗卫星，就可以覆盖整个地球。

实现全球卫星通信图如图 3-16 所示，卫星通信系统工作原理如图 3-17 所示。

图3-16 实现全球卫星通信图

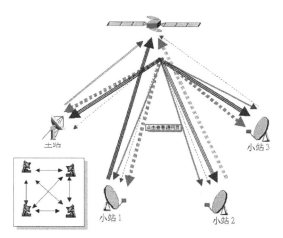

图3-17 卫星通信系统工作原理

任务3-2 网卡的配置

 任务解读

刘敏伟家里一共三口人，每个人上网都很频繁。爸爸搞科研，天天在网上查资料；妈妈是老师，经常上网找资料备课，还需要通过电子邮件与学生交流，查收作业；刘敏伟就更忙了，不仅要查找学习资料，还要不时和网上好友交流心得。可是家里只有一台计算机，三个人经常抢着用。后来他们决定再添两台计算机，三人可以互不干扰了。可是问题又来了，家里只装了一根宽带，如何让三台计算机同时上网呢？听朋友说，可以建立一个家庭局域网共享上网，这样三台计算机就可以同时上网了。

现在电脑买回来了，怎样才能让三台计算机同时上网呢？

 学习领域

组建家庭局域网可以节约开支，共享上网。为了联网和上网的方便，可以考虑采用宽带路由器。宽带路由器有五大优点：① 无须维护，一旦配置成功就无须进行管理；② 运行稳定；③ 不需要计算机做代理服务器，可以有效节约能源，降低成本；④ 共享账户，价格便宜；⑤ 一般路由器有多个端口，直接用于网络互联。

用宽带路由器组建家庭网操作简单容易，只要给每台计算机安装网卡，再用网线将计算机与路由器相应端口连接，再做好网卡的设置即可连接网络。

任务实施

一、配置网卡

现在的计算机安装好系统后都已经装好网卡和网卡驱动程序了，直接配置就可以使用。计算机的网卡配置也很简单，一般的操作如下：

Step 01 查看网络连接，以 Win8 系统为例，从开始菜单查看网络连接情况，如图 3-18、图 3-19 所示。

图3-18　开始菜单

图3-19　网络连接

Step 02 根据是有线网卡或无线网卡，打开其连接属性，如图 3-20 所示，选择其中 IPv4，查看详细 IP 设置，如图 3-21 所示。选择"使用下面的 IP 地址"和"使用下面的 DNS 服务器地址"两个选项。然后再根据实际情况进行设置，最后连续单击"确定"按钮即可。其中 IP 地址设置为 192.168.1.XX 的内网 IP，网关设置为默认路由器 IP 地址。

图3-20　本地连接属性

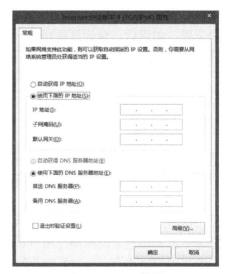

图3-21　IPv4设置

如果要显示系统上的网卡的配置，操作如下：开始菜单→运行→输入 CMD →
再输入下列命令：ipconfig /all；出现如图 3-22 所示的界面即可查看本地网卡信息。

```
C:\windows\system32\cmd.exe                                          _ □ ×

Windows IP Configuration

        Host Name . . . . . . . . . . . . . : hhl
        Primary Dns Suffix  . . . . . . . :
        Node Type . . . . . . . . . . . . : Unknown
        IP Routing Enabled. . . . . . . . : No
        WINS Proxy Enabled. . . . . . . . : No

Ethernet adapter 无线网络连接:

        Connection-specific DNS Suffix  . :
        Description . . . . . . . . . . . : TP-LINK 300Mbps Wireless N Adapter
        Physical Address. . . . . . . . . : 40-16-9F-01-22-19
        Dhcp Enabled. . . . . . . . . . . : Yes
        Autoconfiguration Enabled . . . . : Yes
        IP Address. . . . . . . . . . . . : 192.168.1.108
        Subnet Mask . . . . . . . . . . . : 255.255.255.0
        Default Gateway . . . . . . . . . : 192.168.1.1
        DHCP Server . . . . . . . . . . . : 192.168.1.1
        DNS Servers . . . . . . . . . . . : 192.168.1.1
        Lease Obtained. . . . . . . . . . : 2014年3月20日 15:05:14
        Lease Expires . . . . . . . . . . : 2014年3月20日 17:05:14

C:\Documents and Settings\Administrator>
```

图3-22 DOS下显示IP详细信息

Step 03 所有的计算机都设置好并与路由器物理连线，在路由器上输入宽带账号和密码连接外网，即可共享上网。

3.2 网卡

计算机与外界局域网的连接可通过主机箱内插入一块网络接口板（或者在笔记本电脑中插入一块 PCMCIA 卡）来实现。网络接口板又称为通信适配器或网络适配器（Network Adapter）或网络接口卡（Network Interface Card，NIC），但是现在更多的人愿意使用更为简单的名称——"网卡"。

网卡是工作在链路层的网络组件，是局域网中连接计算机和传输介质的接口，不仅能实现与局域网传输介质之间的物理连接和电信号匹配，还涉及帧的发送与接收、帧的封装与拆封、介质访问控制、数据的编码与解码以及数据缓存的功能等。

3.2.1 网卡的功能和分类

网卡的功能是提供主机与网络间的数据交换的一条通路，具体包括如下几个方面。

① 读入由其他网络设备（例如，路由器、交换机、集线器等）传输过来的数据包。

② 经过拆包，将其变成客户机或服务器可以识别的数据。

③ 通过主板上的总线将数据传输到所需的设备中（CPU、内存或硬盘）。

网卡的分类按照不同参照标准，分法有多种，常见的分法如下。

① 根据网卡所支持的总线接口不同，分为 ISA 网卡、PCI 网卡、USB 网卡。

② 根据网卡的速度不同，分为 10Mbps 网卡、10/100Mbps 网卡、1000Mbps 网卡。

③ 根据网卡的结构不同，分为 ATM 网卡、TokenRing 令牌环网卡、Ethernet 以太网卡。以太网卡就是常见的局域网卡，适用于 Win9x/NT/2000/XP、Netware、ScoUnix、Linux 等多种操作系统。

④ 根据网卡是否插在机箱内，分为内置式网卡和外置式网卡。

⑤ 根据网卡之间的连接是有线还是无线，分为有线网卡和无线网卡。

⑥ 根据网卡传输介质的不同，分为 AUI（粗缆）、BNC（细缆）和 RJ45（双绞线）网卡。

⑦ 根据网卡用户使用场所不同，分为台式机桌面网卡、服务器网卡和笔记本网卡。

⑧ 根据主板上是否整合网卡芯片，分为板载网卡和独立网卡。

1. 有线网卡

顾名思义，有线网卡即需要连接网线的网卡，网卡和局域网之间的通信是通过电缆或双绞线以串行传输方式进行的，网卡和计算机之间的通信通过计算机主板上的 I/O 总线以并行传输方式进行。

有线网卡要与网络进行连接必须有一个接口使网线通过它与其他计算机网络设备连接起来。不同的网络接口适用于不同的网络类型，常见的接口主要有以太网的 RJ-45 接口、细同轴电缆的 BNC 接口和粗同轴电缆的 AUI 接口、FDDI 接口、ATM 接口等。而且有的网卡为了适用于更广泛的应用环境，提供了两种或多种类型的接口，如有的网卡会同时提供 RJ-45 接口、BNC 接口或 AUI 接口。其中 RJ-45 接口是最为常见的一种网卡，也是应用最广的一种接口类型网卡，这主要得益于双绞线以太网应用的普及。因为这种 RJ-45 接口类型的网卡就是应用于以双绞线为传输介质的以太网中，它的接口类似于常见的电话接口 RJ-11，但 RJ-45 是 8 芯线，而电话线的接口是 4 芯线，通常只接 2 芯线（ISDN 的电话线接 4 芯线）。在网卡上还自带两个状态指示灯，通过这两个指示灯颜色可初步判断网卡的工作状态。RJ-45 接口网卡如图 3-23 所示。

图3-23　RJ-45接口网卡

2. 无线网卡

所谓无线网络，就是利用无线电波作为信息传输的媒介构成的无线局域网（WLAN），与有线网络的用途十分类似，最大的不同在于传输媒介的不同，利用无线电技术取代网线，可以和有线网络互为备份。

无线网卡是终端无线网络的设备，如图 3-24 所示，是无线局域网的无线覆盖下通过无线连接网络进行上网使用的无线终端设备。具体来说，无线网卡就是用户的计算机可以利用无线来上网的一个装置。但是有了无线网卡也还需要一个可以连接的无线网络，如果用户在家里或所在地有无线路由器或无线 AP 的覆盖，就可以通过无线网卡以无线的方式连接无线网络来上网。

　　无线网卡的工作原理是微波射频技术，笔记本有 Wi-Fi、GPRS、CDMA 等几种无线数据传输模式来上网，后两者由中国移动和中国电信来实现；前者电信或网通有所参与，但大多是自己拥有

图3-24　无线网卡

接入互联网的 Wi-Fi 基站和笔记本用的 Wi-Fi 网卡。无线上网遵循 802.1q 标准，通过无线传输，由无线接入点发出信号，用无线网卡接受和发送数据。无线网卡根据接口不同，主要有 PCMCIA 无线网卡、PCI 无线网卡、Mini PCI 无线网卡、USB 无线网卡、CF/SD 无线网卡几类产品。从速度来看，无线上网卡现在主流的速率为 54Mbps、108Mbps、150Mbps、300Mbps 和 450Mbps，该性能和环境有很大的关系。

3.2.2　网卡MAC地址

　　MAC（Medium/Media Access Control）地址，或称为 MAC 位址、网卡硬件地址，是用来定义网卡的位置，由 48 位（bit）二进制数组成，一般表示成 12 位的十六进制数字，如 00-40-CA-58-1E-2F。MAC 地址中 0 到 23 位是厂商向 IETF 等机构申请用来标识厂商的代码，也称为"编制上唯一的标识符"（Organizationally Unique Identifier），是识别 LAN（局域网）节点的标志；24 到 47 位由厂商自行分派，是各个厂商制造的所有网卡的一个唯一编号。在 OSI 模型中，第三层网络层负责 IP 地址，第二层数据链路层则负责 MAC 位址。因此一个网卡会有一个全球唯一固定的 MAC 地址，但可对应多个 IP 地址。查看本地网卡的 MAC 地址有如下两种方法。

　　（1）右击"网上邻居"，选择"属性"命令；再右击打开窗口中的"本地连接"，选择"状态"命令；在打口的"本地连接状态"窗口中，切换到"支持"选项卡，单击"详细信息"按钮，弹出的窗口中的"实际地址"项即为本机网卡的 MAC 地址（见图 3-25）。

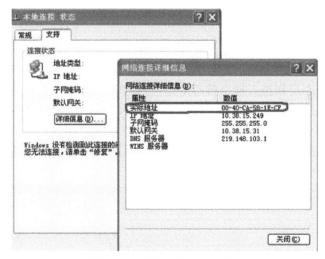

图3-25　查看本地MAC地址

（2）在 Windows 98/Me 中，依次选择"开始"→"运行"命令，输入"CMD"，打开 DOS 命令窗口，输入 ipconfig/all 命令，显示的信息中 Physical Address 就是 MAC 地址，如图 3-26 所示。

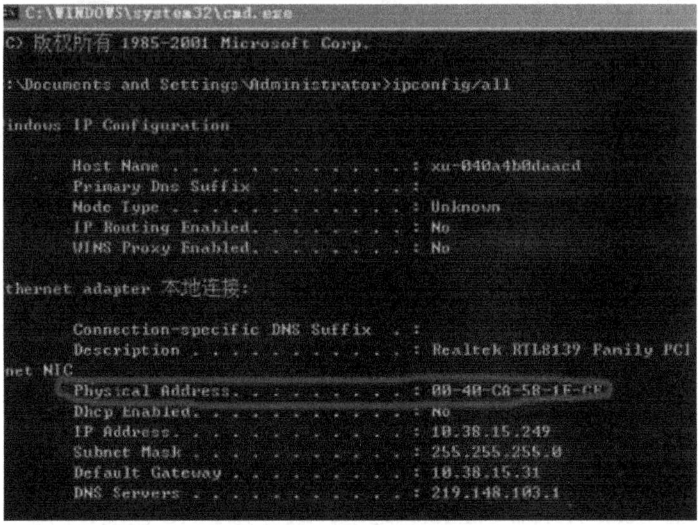

图3-26　DOS下查看本机MAC

任务3-3　使用交换机和路由器组建一个网络结构

任务解读

李明预计投入一笔资金建立一个小型网吧，准备购买计算机 90 台左右。现在请你使用网络设备交换机和路由器，帮助李明组建这个网吧。

学习领域

通常网络的层次结构由上至下划分为核心层、汇聚层、接入层。小型网吧的网络层次只要两层就够了，即核心层和接入层。核心层指网络的骨干部分，主要负责可靠和迅速地传输大量的数据流。接入层也就是桌面层，目的是容许终端用户连接到网络，因此接入层一般采用低成本和高端口的交换机。网络拓扑结构如图 3-27 所示。

由于投资经费有限，网络设备品种繁多，所以在选择网络设备时要熟悉各设备，选择适合自己性能需求和性价比高的设备。

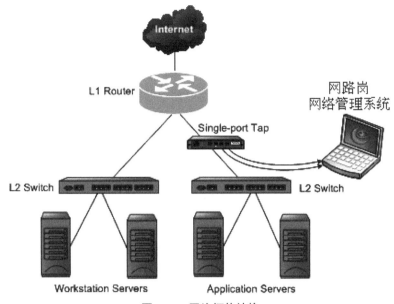

图3-27 网络拓扑结构

任务实施

1. 设备选购

① 在选择硬件设备时可根据网吧的实际情况，来决定使用 10M 网络（可以节约部分资金）还是 100M 网络。这里按一个 90 台计算机的小型网吧计算，需要 100Mbps 网络集线器 24 口 4 个、90 台带网卡的计算机、网线若干、RJ-45 水晶头至少 180 个、PVC 管若干。

② 最好选用超五类网线布线，网络集线器和网卡用 TPLINK 即可，水晶头和用来放置网线、起绝缘和防水等作用的塑料管也要选好。

③ 除了必要的计算机等硬件设备投入外，切记在网络设备的选购上不能采用档次较低的设备，否则日后网络的问题不断，上网速度很慢，将给管理和维护带来极大的麻烦。其中尤其是作为构建网吧基础的网络基础设备，在安装完毕后将很难加以改造。

④ 在选购交换机时，应该尽可能地用少量的交换机将所有的机器连接起来。如有 15 台机器，则最好选用 1 个 16 口的交换机，而不是两个 8 口的交换机，这样可以避免因两个交换机之间出现问题而使整个网络瘫痪。

2. 实施方案

① 准备工作，在开始网络布线之前，首先要画一张施工简图。确认每台计算机的摆放方式和地点，然后在图上标明节点位置。根据节点的分布，确定网络集线器和路由器的摆放地点。

② 先要确定交换机和每台计算机之间的距离，分别截取相应长度的网线，然后将网线穿管（PVC 管）或直接沿墙壁走线。注意：过长的双绞线缠绕起来，会因为电磁干扰造成数据

传输错误。

③ 制作网线接头要使用统一的标准，要么使用 TIA/EIA568A 标准，要么使用 TIA/EIA568B 标准。

④ 将网线两端做好的接头分别插入计算机和交换机之后，布线工作基本完成。

⑤ 布线之后进行相应的检测，看是否接通，测试各台设备之间是连通的即可。

3.3　集线器（HUB）

1991 年，利用双绞线作为传输媒体的 10BASE-T 标准建立以后，集线器（HUB）开始变得更重要。它扮演着沟通和管理网络的双重角色，其主要功能如下。

① 提供多个双绞线或其他传输媒体连接端口，每个连接端口可能通过媒体连接到一个网络节点，其信号传输机制为点到点模式。

② 当某一连接端口接收到网络信号时，HUB 将信号整形后发往其他的所有连接端口。

③ 自动检测碰撞的产生。当碰撞发生时，立即散发阻塞信号以通知其他工作站。

④ 当某一连接端口的传输线或工作站有故障时，HUB 能自动将该端口隔离，从而不会影响全网的正常工作。

集线器（HUB）属于纯硬件网络底层设备，基本上不具有类似于交换机的"智能记忆"能力和"学习"能力。它也不具备交换机所具有的 MAC 地址表，所以它发送数据时没有针对性，采用广播方式发送。也就是说当它要向某节点发送数据时，不是直接把数据发送到目的节点，而是把数据包发送到与集线器相连的所有节点，所以缺点是在用集线器连接的局域网内容易形成数据堵塞。如图 3-28 所示为集线器。

HUB 是一个多端口的转发器，当以 HUB 为中心设备时，网络中某条线路产生了故障，并不影响其他线路的工作。所以 HUB 在局域网中得到了广泛的应用。它大多用在星型与树型网络拓扑结构中，以 RJ-45 接口与各主机相连（也有 BNC 接口）。

HUB 按照不同的方法可分为很多类。按提供的带宽划分有 10Mbps 集线器、100Mbps 集线器、10/100Mbps 自适应集线器 3 种；按配置形式的不同可分为独立型 HUB、模块化 HUB 和堆叠式 HUB 三种。Hub 的接口有 RJ-45、BNC、AUI 和光纤接口 4 种。

图3-28　集线器

3.4　交换机

交换机又称为交换机式集线器，采用交换方式连接各端口。交换（Switching）是按照通信两端传输信息的需要，用人工或设备自动完成的方法，把要传输的信息送到符合要求的相应路由上的技术的统称。交换机有多个端口，每个端口都具有桥接功能，可以连接一个局域网或一台高性能服务器或工作站。实际上交换机有时被称为多端口网桥。常见外观如图3-29所示。

图3-29 交换机

1. 交换机的特点

① 端口带宽的独享。交换机不同于集线器，交换机的端口可以独享带宽。同时可在多个端口之间传输数据，每个端口都是一个独立的冲突域，连接在其上的网络设备独自享有全部的带宽，不需要同其他设备竞争使用。而集线器的每个端口都是共享一条带宽，在同一时刻只能有两个端口传输数据，其他端口只能等待。

② 识别 MAC 地址，并封装转发数据包。交换机的另一个特点，就是可以识别 MAC 地址，还可以将其存放在内部地址表中，通过在数据帧的源地址和目标地址之间建立临时的交换路径，使用数据帧直接由源地址到达目的地址。

③ 网络分段。如果用户使用带有 VLAN 功能的交换机，可以把网络"分段"，通过对照地址表，交换机只允许必要的网络流量通过交换机。通过交换机所具有的过滤和转发功能，可以有效地隔离广播风暴，减少错包的出现，避免共享冲突。

交换机实质是多端口并行网桥技术的实现，它主要完成 OSI 参考模型中物理层和数据链路层的功能。交换机有效地将网络分成小的冲突域，为每个计算机提供了更高的带宽。

2. 交换机的分类

从广义上来看，网络交换机分为两种：广域网交换机和局域网交换机。广域网交换机主要应用于电信领域，提供通信用的基础平台。而局域网交换机则应用于局域网络，用于连接终端设备，如 PC 机及网络打印机等。从传输介质和传输速度上可分为以太网交换机、快速以太网交换机、千兆以太网交换机、FDDI 交换机、ATM 交换机和令牌环交换机等。从规模应用上又可分为企业级交换机、部门级交换机和工作组交换机等。各厂商划分的尺度并非完全一致，一般来讲，企业级交换机都是机架式，部门级交换机可以是机架式（插槽数较少），也可以是固定配置式，而工作组级交换机为固定配置式（功能较为简单）。另一方面，从应用的规模来看，作为骨干交换机时，支持 500 个信息点以上大型企业应用的交换机为企业级交换机，支持 300 个信息点以下中型企业的交换机为部门级交换机，而支持 100 个信息点以内的交换机为工作组级交换机。本文所介绍的交换机指的是局域网交换机。

3. 交换机的工作原理

交换机工作在数据链路层，交换机拥有一条很高带宽的外部总线和内部交换矩阵。交换机的所有的端口都挂接在这条外部总线上，控制电路收到数据包以后，处理端口会查找内存中的地址对照表以确定目的 MAC（网卡的硬件地址）的 NIC（网卡）挂接在哪个端口上，通过内部交换矩阵迅速将数据包传送到目的端口，目的 MAC 若不存在，广播到所有的端口，接收端口回应后交换机会"学习"新的 MAC 地址，并把它添加入内部 MAC 地址表中。使用交换机也可以将网络"分段"，通过对照 IP 地址表，交换机只允许必要的网络流量通过交换机。通过交换机的过滤和转发，可以有效地减少冲突域，但它不能划分网络层广播，即广播域。

交换机的传输模式有全双工、半双工、全双工 / 半双工自适应。交换机的全双工是指交换机在发送数据的同时也能够接收数据，两者同步进行。这好像打电话一样，说话的同时也能够听到对方的声音。交换机都支持全双工。全双工的优点在于迟延小、速度快。

所谓半双工就是指一个时间段内只有一个动作发生。举个简单例子，一条窄窄的马路，同时只能有一辆车通过；当有两辆车对开，这种情况下就只能一辆先过，然后另一辆再开。这个例子就形象地说明了半双工的原理。

3.5　路由器

1．路由器的功能

路由器（Router）又称网关设备（Gateway），是用于连接多个逻辑上分开的网络，所谓逻辑网络是代表一个单独的网络或者一个子网。当数据从一个子网传输到另一个子网时，可通过路由器的路由功能来完成。因此，路由器具有判断网络地址和选择 IP 路径的功能，它能在多网络互联环境中，建立灵活的连接，可用完全不同的数据分组和介质访问方法连接各种子网。路由器只接受源站或其他路由器的信息，属网络层的一种互联设备。

路由器是用于网络中进行网间连接的关键设备，是基于 TCP/IP 的国际互联网络 Internet 的主体脉络。即路由器构成了 Internet 的骨架。在园区网、地区网、乃至整个 Internet 研究领域中，路由器技术处于核心地位。

路由器实现协议转换和路由器选择和转发，它的基本功能是把数据（IP 报文）传送到正确的网络，具体包括：

① IP 数据报的转发，包括数据报的寻径和传送。

② 子网隔离，抑制广播风暴。

③ 维护路由表，并与其他路由器交换信息，这是 IP 报文转发的基础。

④ IP 数据报的差错处理及简单的拥塞控制；实现对 IP 数据报的过滤和记账等功能。

⑤ 网络互连，路由器支持各种局域网和广域网接口，主要用于互连局域网和广域网，实现不同网络互相通信。

⑥ 数据处理，提供包括分组过滤、分组转发、优先级、复用、加密、压缩和防火墙等功能。

⑦ 网络管理，路由器提供包括配置管理、性能管理、容错管理和流量控制等功能。

2．路由器的特点

路由器的特点是路径选择、连接网络、ACL（访问控制列表）、流量控制。缺点是延迟比交换机高；路由器的一个作用是连通不同的网络，另一个作用是选择信息传送的线路。选择通畅快捷的近路，能大大提高通信速度，减轻网络系统通信负荷，节约网络系统资源，提高网络系统畅通率，从而让网络系统发挥出更大的效益来。

3．路由器的分类

路由器的分类方法很多，按照是否需要连线分为有线路由器和无线路由器。

（1）有线路由器

有线路由器又称为宽带路由器，它伴随着宽带的普及应运而生。宽带路由器在一个紧凑的箱子中集成了路由器、防火墙、带宽控制和管理等功能，具备快速转发能力，具有灵活的网络管理和丰富的网络状态等特点。多数宽带路由器针对中国宽带应用优化设计，可满足不同的网络流量环境，具备良好的电网适应性和网络兼容性。多数宽带路由器采用高度集成设计，集成 10/100Mbps 宽带以太网 WAN 接口、并内置多口 10/100Mbps 自适应交换机，方便多台机器连接内部网络与 Internet，可以广泛应用于家庭、学校、办公室、网吧、小区接入、政府和企业等场合。

（2）无线路由器

无线路由器是指带有无线覆盖功能的路由器，它主要应用于用户上网和无线覆盖。市场上流行的无线路由器一般都支持专线 XDSL/Cable、动态 XDSL 和 PPTP 四种接入方式，它还具有其它一些网络管理的功能，如 DHCP 服务、NAT 防火墙、MAC 地址过滤等功能。无线网络路由器（例如 D-LINK、TP-LINK、TENDA 等）是一种用来连接有线和无线网络的通信设备，它可以通过 Wi-Fi 技术收发无线信号来与个人数码助理和笔记本等设备通信。无线网络路由器可以在不设电缆的情况下，方便地建立一个计算机网络。但是，一般在户外通过无线网络进行数据传输时，它的速度可能会受到天气的影响。其他的无线网络还包括红外线、蓝牙及卫星微波等。如图 3-30 所示为无线路由器。

图3-30　无线路由器

3.6　其他网络设备

3.6.1　中继器

中继器（RP RePeater）是连接网络线路的一种装置，如图 3-31 所示，常用于两个网络节点之间物理信号的双向转发工作。中继器主要完成物理层的功能，负责在两个节点的物理层上按位传递信息，完成信号的复制、调整和放大功能，以此来延长网络的长度。由于存在损耗，在线路上传输的信号功率会逐渐衰减，衰减到一定程度时将造成信号失真，因此会导致接收错误。中继器就是为解决这一问题而设计的。它完成物理线路的连接，对衰减的信号进行放大，保持与原数据相同。一般情况下，中继器的两端连接的是相同的媒体，但有的中继器也可以完成不同媒体的转接工作。从理论上讲中继器的使用是无限的，网络也因此可以无限延长。事实上这是不可能的，因为网络标准中都对信号的延迟范围作了具体的规定，中

继器只能在此规定范围内进行有效的工作，否则会引起网络故障。

中继器（RePeater）是网络物理层上面的连接设备，适用于完全相同的两类网络的互连，主要功能是通过对数据信号的重新发送或者转发，来扩大网络传输的距离。中继器是对信号进行再生和还原的网络设备，即 OSI 模式的物理层设备。OSI 模式示意图如图 3-32 所示。中继器工作原理示意图如图 3-33 所示。

图3-31　中继器

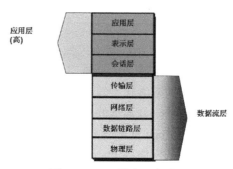

图3-32　OSI模式示意图

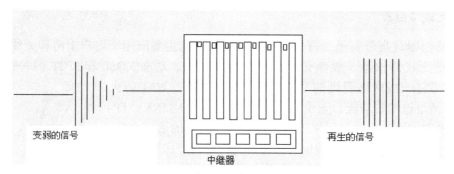

图3-33　中继器工作原理示意图

中继器是局域网环境下用来延长网络距离的最简单、最廉价的网络互连设备，操作在 OSI 的物理层，中继器对在线路上的信号具有放大再生的功能，用于扩展局域网网段的长度（仅用于连接相同的局域网网段）。

中继器的优点如下：

①扩大了通信距离。

②增加了节点的最大数目。

③各个网段可使用不同的通信速率。

④提高了可靠性。当网络出现故障时，一般只影响个别网段。

⑤性能得到改善。

3.6.2　网桥

网桥（Bridge）像一个聪明的中继器。中继器从一个网络电缆中接收信号，放大它们，将其送入下一个电缆。相比较而言，网桥对从关卡上传下来的信息更敏锐一些。网桥是一种对帧进行转发的技术，根据 MAC 分区块，可隔离碰撞。网桥将网络的多个网段在数据链路层连接起来。网桥是一种在链路层实现中继，常用于连接两个或更多个局域网的网络互连设备，工作于网络的数据链路层，用于连接两个或两个以上具有相同通信协议、传输介质及寻址结构的局域网。网桥的工作过程是先接收帧并送到数据链路层进行差错校验，然后送到物理层再经物理传输介质送到另一个子网。网桥工作原理示意图如图3-34所示。

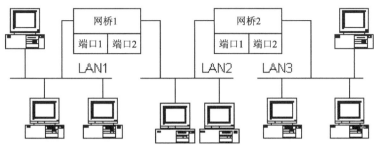

图3-34　网桥工作原理示意图

1. 网桥的基本特征

① 网桥在数据链路层上实现局域网互连。
② 网桥能够互连两个采用不同数据链路层协议、不同传输介质与不同传输速率的网络。
③ 网桥以接收、存储、地址过滤与转发的方式实现互连的网络之间的通信。
④ 网桥需要互连的网络在数据链路层以上采用相同的协议。
⑤ 网桥可以分隔两个网络之间的通信量，有利于改善互连网络的性能与安全性。

2. 网桥的优点

网桥的存储和转发功能与中继器相比有优点也有缺点，其优点如下：
① 使用网桥进行互连克服了物理限制，这意味着构成 LAN 的数据站总数和网段数很容易扩充。
② 网桥纳入存储和转发功能可使其适应于连接使用不同 MAC 协议的两个 LAN，因而构成一个不同 LAN 混连在一起的混合网络环境。
③ 网桥的中继功能仅仅依赖于 MAC 帧的地址，因而对高层协议完全透明。
④ 网桥将一个较大的 LAN 分成段，有利于改善可靠性、可用性和安全性。

3. 网桥的缺点

网桥的主要缺点是，网桥在执行转发前先接收帧并进行缓冲，与中继器相比会引入更多时延。由于网桥不提供流控功能，因此在流量较大时有可能使其过载，从而造成帧的丢失。
网桥的优点多于缺点正是其广泛使用的原因。网桥工作在数据链路层，将两个 LAN 连起来，根据 MAC 地址来转发帧，可以看作一个"低层的路由器"（路由器工作在网络层，根据网络地址如 IP 地址进行转发）。远程网桥通过一个通常较慢的链路（如电话线）连接两个远程 LAN，对本地网桥而言，性能比较重要，而对远程网桥而言，在长距离上可正常运行更重要。

 思考与动手

一、选择题

1. 一般来说，对于通信量大的高速局域网，为了获得更高的性能，应该选用（　　）。

A. 同轴电缆　　　　B. 光纤　　　　　　　C. 双绞线　　　　　　D. 无线

2. 组建 LAN 时，光纤主要用于（　　）。

A. LAN 的桌面连接　　　　　　B. LAN 的主干连接

C. LAN 的所有连接　　　　　　D. 不能用

3. 目前常用的网卡接头是（　　）。

A. BNC　　　　　B. RJ-45　　　　　　C. AUI　　　　　　D. SC

4. 双绞线由两根互相绝缘绞合成螺纹状的导线组成。下面关于双绞线的叙述中，正确的是（　　）。

I. 它既可以传输模拟信号，也可以传输数字信号

II. 安装方便，价格便宜

III. 不易受外部干扰，误码率低

IV. 通常只用作建筑物内的局域网通信介质

A. I、II 和 III　　　　　　　　B. I、II 和 IV

C. II、III 和 IV　　　　　　　　D. 全部

5. 光纤作为传输媒体，与双绞线相比具有一系列优点，不属于此优点的是（　　）。

A. 速率高　　　　B. 体积小　　　　C. 频带窄　　　　D. 误码率低

二、填空题

1. 光纤的传输距离一般可达到_____。

2. 最常用的传输媒体是_____、_____、_____、_____。

3. 在双绞线组网的方式中，_____是以太网的中心连接设备。

4. 计算机网络的传输介质中性能最好、应用最广泛的一种是_____。

5. 双绞线分为_____和_____。

三、解答题

1. 简述路由器、交换机的工作原理和特点。

2. 利用网络设备组建 3 到 4 台计算机的家庭局域网。

3. 制作双绞线，并测试。

第4章

局域网技术

本章主要介绍目前常见的局域网标准、技术、软/硬件产品性能及应用范围等，通过本章的学习，读者应该掌握以下内容：
- 局域网的常用标准。
- 局域网常用的网络设备的选择和使用方法。
- 无线局域网的应用范围和组建，以及常见拓扑结构。

任务4-1 组建一个星型结构的局域网

 任务解读

海天五金公司需要重新规划建设一个办公室。办公室预计有 8 位职员，配备 8 台计算机，1 台打印机和 1 台复印机。为了办公的便利现在要求将这些设备连接，职员之间可以相互共享信息，并共享使用打印机器和复印机，请为办公室建立局域网。

 学习领域

要组建小型局域网必须掌握常见局域网的拓扑结构有哪些，选择合适的拓扑结构。掌握局域网中电脑的 IP 设置和连网测试。

 任务实施

Step 01 画出设备连接的星型拓扑结构图，如图 4-1 所示。

Step 02 购买连接所需设备、交换机、双绞线和水晶头。

Step 03 制作网线。具体步骤参考前面章节。

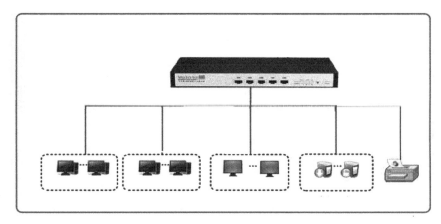

图4-1 星型拓扑结构图

Step 04 将计算机用网线连接到交换机，完成网络的物理连线。

Step 05 设置每台设备的 IP 地址为内网 IP 192.168.1.XXX，子网掩码为 255.255.255.0。

Step 06 测试网络连接情况，连通则完成局域网的组建。

4.1 局域网络拓扑结构

局域网的拓扑结构可以从物理或逻辑的角度来说明。物理的拓扑结构是组成局域网的所有网络部件的几何排列。但是，拓扑结构不是网络的一张图，它是一个理论上的结构，即用图表达局域网的连接形状和结构。逻辑拓扑结构是指可以相互通信的网络终端之间的可能的连接。它可说明哪个端点可与另一个端点通信，以及这些成对的端点是否可以通过物理连接直接通信。本节只说明物理拓扑结构。

所谓拓扑是一种研究与大小、形状无关的构成图形（线、面）特性的方法，即抛开网络中的具体设备，把工作站、服务器等网络单元抽象为"节点"，把网络中的电缆等通信介质抽象为"线"。这样从拓扑学的角度看，计算机网络就变成了点和线组成的几何图形，这就是网络的拓扑结构；也就说，网络拓扑结构是一个网络的通信链路和节点的几何排列或物理图形布局。

网络中的节点有两类：一类是只转接和交换信息的转接节点，包括节点交换机、集线器和终端控制器等；另一类是访问节点，包括主计算机和终端等，它们是信息交换的源节点和目标节点。

网络的拓扑结构很多，主要分为总线型、星型、环型、树型、全互连型、网状型和不规则型（或称为杂合型）。

4.1.1 总线型拓扑结构

总线型拓扑结构采用一条单根线缆作为传输介质，所有的站点都通过相应的硬件接口直接连接到传输介质上，或总线上。任何一个节点信息都可以沿着总线向两个方向传播扩散，并且能被总线中任何一个节点所接收，所有的节点共享一条数据通道，一个节点发出的信息可以被网络上的多个节点接收，如图 4-2 所示。

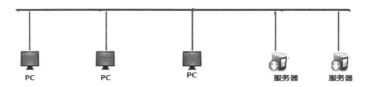

图4-2 总线型拓扑结构图

总线上传输信息通常多以基带形式串行传递，每个节点上的网络接口板硬件均具有收、发功能，接收器负责接收总线上的串行信息并转换成并行信息送到 PC 工作站；发送器是将并行信息转换成串行信息后广播发送到总线上，总线上发送信息的目的地址与某节点的接口地址相符合时，该节点的接收器便接收信息。由于各个节点之间通过电缆直接连接，所以总线型拓扑结构中所需要的电缆长度是最小的，但总线只有一定的负载能力，因此总线长度又有一定限制，一条总线只能连接一定数量的节点。

因为所有的节点共享一条公用的传输链路，所以一次只能由一个设备传输。需要某种形式的访问控制策略来决定下一次哪一个站可以发送，通常采取分布式控制策略。

发送时，发送站将报文分成分组，然后一次一个地依次发送这些分组。有时要与其他站来的分组交替地在介质上传输。当分组经过各站时，目的站将识别分组的地址，然后复制这些分组的内容。这种拓扑结构减轻了网络通信处理的负担，它仅仅是一个无源的传输介质，而通信处理分布在各站点进行。

在总线两端连接有端结器（或终端匹配器），主要与总线进行阻抗匹配，最大限度吸收传送端部的能量，避免信号反射回总线产生不必要的干扰。

总线型拓扑结构的优点如下：

① 结构简单灵活，非常便于扩充，网络响应速度快。

② 设备量少、价格低廉、安装使用方便。

③ 某个站点失效不会影响到其他站点。

④ 共享资源能力强，极便于广播式工作，一个节点发送的数据帧所有节点都可接收。

⑤ 所需电缆长度很短，减少了安装费用，易于布线和维护。

⑥ 易于扩充，在任何点都可将欲增加的新站点接入或者通过中继器加上一个附加段来增加长度。

⑦ 多个节点公用一条传输信道，信道利用率高。

⑧ 传输速率高，可达 1~10Mbps。

总线型拓扑结构的缺点如下：

① 总线拓扑的网不是集中控制，故障检测需在网上各个站点进行，使故障诊断困难。

② 如果传输介质损坏，整个网络将不可用，瘫痪。

③ 在总线的干线基础上扩充，可采用中继器，但此时需重新配置，包括电缆长度的剪裁、终端器的调整等。

④ 接在总线上的站点要有介质访问控制功能，因此站点必须具有智能，从而增加了站点的硬件和软件费用。

⑤ 所有的工作站通信均通过一条公用的总线，导致实时性很差。

4.1.2　星型拓扑结构

在星型拓扑结构中，网络中的各节点通过点到点的方式连接到一个中央节点（又称为中央转接站，一般是集线器或交换机）上，由该中央节点向目的节点传送信息。中央节点执行集中式通信控制策略，因此中央节点相当复杂，负担比各节点重得多。在星型网中任何两个节点要进行通信都必须经过中央节点控制（见图4-1）。

现有的数据处理和声音通信的信息网大多采用星型网，目前流行的专用小交换机（Private Branch Exchange，PBX），即电话交换机就是星型拓扑结构的典型实例。它在一个单位内为综合语音和数据工作站交换信息提供信道，还可以提供语音信箱和电话会议等业务，是局域网的一个重要分支。

在星型网中任何两个节点要进行通信都必须经过中央节点控制。因此，中央节点的主要功能有三项：① 当要求通信的站点发出通信请求后，控制器要检查中央转接站是否有空闲的通路，被叫设备是否空闲，从而决定是否能建立双方的物理连接；② 在两台设备通信过程中要维持这一通路；③ 当通信完成或者不成功要求拆线时，中央转接站应能拆除上述通道。

由于中央节点要与多机连接，线路较多，为便于集中连线，目前多采用一种成为集线器（HUB）或交换设备的硬件作为中央节点。目前一般网络环境都设计成星型拓扑结构。星型网是目前广泛而又首选使用的网络拓扑设计之一。

星型结构的优点如下：

① 网络结构简单，便于管理，便于大型网络的维护和调试。

② 控制简单，建网容易，移动某个工作站非常简单。

③ 网络延迟时间较短，误码率较低。

④ 中央节点和中间接线盒都有一批集中点，可方便地提供服务和网络重新配置。

⑤ 每个连接只接一个设备，单个连接的故障只影响一个设备，不会影响全网。

⑥ 每个站点直接连中央节点，故障容易检测和隔离，可很方便地将有故障的站点从系统中删除。

⑦ 任何一个连接只涉及中央节点和一个站点，控制介质访问的方法简单，使访问协议也十分简单。

星型结构的缺点如下：

① 一条通信线路只被该线路上的中央节点和一个站点使用，因此线路利用率不高。

② 中央节点负荷太重，而且当中央节点产生故障时，全网不能工作，所以对中央节点的可靠性和冗余度要求很高。

③ 电缆长度和安装：星型拓扑中每个站点直接和中央节点相连，需要大量电缆，电缆沟、维护、安装等一系列问题会产生，因此而增加的费用相当可观。

星型拓扑结构广泛应用于网络中智能集中于中央节点的场合。从目前的趋势看，计算机的发展已从集中的主机系统发展到大量功能很强的微型机和工作站，在这种环境下，星型拓扑的使用还是占支配地位。在以太网中，星型结构仍旧是它的主要基本网络结构。其传输速率可达1000Mbps。

4.1.3 树型拓扑结构

树型拓扑结构是总线型结构的扩展，它是在总线网上加上分支形成的，其传输介质可有多条分支，但不形成闭合回路；也可以把它看成是星型结构的叠加。树型拓扑又称为分级的集中式结构，如图4-3所示。树型拓扑以其独特的特点而与众不同，具有层次结构，是一种分层网，网络的最高层是中央处理机，最低层是终端，其他各层可以是多路转换器、集线器或部门用计算机。其结构可以对称，联系固定，具有一定容错能力，一般一个分支和节点的故障不影响另一分支和节点的工作，任何一个节点送出的信息都由根接收后重新发送到所有的节点，可以传遍整个传输介质，也是广播式网络。因特网（Internet）也大多采用树型结构。

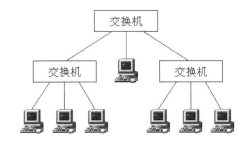

图4-3 树型拓扑结构图

树型网的优点如下：
① 结构比较简单，成本低。
② 网络中任意两个节点之间不产生回路，每个链路都支持双向传输。
③ 网络中节点扩充方便、灵活，寻找链路路径比较方便。

树型网的缺点如下：
① 除叶节点及其相连的链路外，任何一个工作站或链路产生故障都会影响整个网络系统的正常运行。
② 对根的依赖性太大，如果根发生故障，则全网不能正常工作。因此这种结构的可靠性问题和星型结构相似。

4.1.4 环型拓扑结构

环型拓扑结构中各节点通过环路接口连在一条首尾相连的闭合环型通信线路中，环路中各节点地位相同，环路上任何节点均可请求发送信息，请求一旦被批准，便可以向环路发送信息，如图4-4所示。环型网中的数据按照设计主要是单向也可以是双向传输（双向环）。由于环线公用，一个节点发出的信息必须穿越环中所有的环路接口，信息流的目的地址与环上某节点地址相符时，信息被该节点的环路接口所接收，并继续流向下一环路接口，一直流回到发送该信息的环路接口为止。

由于多个设备共享一个环，因此需要对此进行控制，以便决定每个站在什么时候可以把分组放在环上。这种功能用分布控制的形式来完成，每个站都有控制发送和接收的访问逻辑，以后将详细讨论这种分布控制功能。

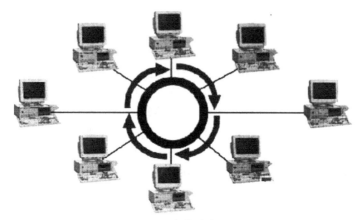

图4-4　环型拓扑结构示意图

环型拓扑的优点如下：

① 信息在网中沿固定方向流动，两个节点间仅有唯一的通路，简化了路径选择的控制。

② 某个节点发生故障时，可以自动旁路（由"中继器"完成），可靠性较高。

③ 所需电缆长度比星型拓扑要短得多，同时不需要像星型拓扑结构那样配制接线盒。

环型拓扑的缺点如下：

① 扩充环的配置比较困难，同样要关掉一部分已接入网的站点也不容易。

② 由于信息是串行穿过多个节点环路接口，当节点过多时，影响传输效率，使网络响应时间变长。但当网络确定时，其延时固定，实时性强。

③ 环上每个节点接到数据后，要负责将它发送至环上，这意味着要同时考虑访问控制协议。节点发送数据前，必须事先知道传输介质对它是可用的。

环型网结构比较适合于实时信息处理系统和工厂自动化系统。

FDDI（Fiber Distributed Data Interface）是环型结构的一种典型网络，在 20 世纪 90 年代中期，就已达到 100Mbps 至 200Mbps 的传输速率。但在近期，该种网络没有什么发展，已经很少采用。

4.1.5　网状型拓扑结构

将多个子网或多个网络连接起来构成网际拓扑结构。如图 4-5 所示为网状型拓扑结构示意图。在一个子网中，集线器、中继器将多个设备连接起来，而桥接器、路由器及网关则将子网连接起来。根据组网硬件不同，主要有三种网际拓扑。

（1）网状网：在一个大的区域内，用无线电通信链路连接一个大型网络时，网状网是最好的拓扑结构。通过路由器与路由器相连，可让网络选择一条最快的路径传送数据，如图 4-5 所示。

（2）主干网：通过桥接器与路由器把不同的子网或 LAN 连接起来形成单个总线或环型拓扑结构，这种网通常采用光纤做主干线。

（3）星状相连网：利用一些叫作超级集线器的设备将网络连接起来，由于星型结构的特点，网络中任一处的故障都可容易查找并修复。

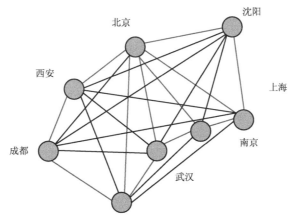

图4-5　网状型拓扑结构示意图

网状拓扑的优点如下：

① 网络可靠性高，一般通信子网中任意两个节点交换机之间，存在着两条或两条以上的通信路径，这样，当一条路径发生故障时，还可以通过另一条路径把信息送至节点交换机。

② 网络可组建成各种形状，采用多种通信信道，多种传输速率。

③ 网内节点共享资源容易。

④ 可改善线路的信息流量分配。

⑤ 可选择最佳路径，传输延迟小。

网状拓扑的缺点如下：

① 控制复杂，软件复杂。

② 线路费用高，不易扩充。

网状拓扑结构一般用于 Internet 骨干网上，使用路由算法来计算发送数据的最佳路径。

4.1.6　混合型拓扑结构

将两种或几种网络拓扑结构混合起来构成的一种网络拓扑结构称为混合型拓扑结构（也有的称为杂合型结构）。例如，星型环拓扑结构，它是将星型拓扑和环型拓扑混合起来的一种拓扑，试图取这两种拓扑的优点于一个系统，如图 4-6 所示为采用星型和总线型拓扑结构示意图。

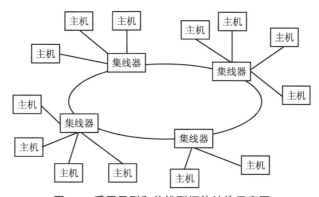

图4-6　采用星型和总线型拓扑结构示意图

上面分析了几种常用的拓扑及其优缺点，由此可知，拓扑的选择需要考虑很多因素。对已有的楼房，或正在施工的楼房，都要易于安装，一旦安装好了，还要满足易于扩展的要求，既要方便扩展，又要保护原有的系统。局域网的可靠性也是考虑的重要因素，要易于故障诊断，易于隔离故障，以使网络的主要部分仍能正常运行。拓扑的选择会影响传输介质的选择和介质访问控制方法的确定，这些因素又会影响各个站点在网上的运行速度和网络软 / 硬件接口的复杂性。

4.2 介质访问控制方法

介质访问控制方法，也就是信道访问控制方法，可以简单地把它理解为如何控制网络节点何时能够发送数据、如何传输及怎样在介质上接收数据的方法。IEEE 802 规定了局域网中最常用的介质访问控制方法：IEEE 802 载波监听多路访问 / 冲突检测（CSMA/CD）、IEEE 802.5 令牌环（Token Ring）、IEEE 802.4 令牌总线（Token Bus）。

介质访问控制方法是协调和仲裁局域网中各对等节点如何在共享介质中占用信道、避免冲突，以及保证网络性能和可靠性的控制方法。

1. 载波监听多路访问 / 冲突检测（CSMA/CD）

总线型 LAN 中，所有的节点对信道的访问是以多路访问方式进行的。任一节点都可以将数据帧发送到总线上，所有连接在信道上的节点都能检测到该帧。

当目的节点检测到该数据帧的目的地址（MAC 地址）为本节点地址时，就继续接收该帧中包含的数据，同时给源节点返回一个响应。当有两个或更多的节点在同一时间都发送了数据，在信道上就造成了帧的重叠，导致冲突出现。为了克服这种冲突，在总线 LAN 中常采用 CSMA/CD 协议，即带有冲突检测的载波侦听多路访问协议，它是一种随机争用型的介质访问控制方法。

CSMA/CD 协议起源于 ALOHA 协议，是 Xerox（施乐）公司在 ALOHA 技术的思想的基础上研制出的一种采用随机访问技术的竞争型媒体访问控制方法，后来成为 IEEE 802 标准之一，即 MAC 的 IEEE 802 标准。

CSMA/CD 协议的工作过程是：由于整个系统不是采用集中式的控制方式，且总线上每个节点发送信息要自行控制，所以各个节点在发送信息之前，首先要侦听总线上是否有信息在媒介体上传送，若有，则其他各节点不发送信息，以免破坏传送；若侦听到总线上没有信息传送，则可以发送信息到总线上。当一个节点占用总线发送信息后，要一边发送一边检测总线，看是否有冲突产生。发送节点检测到冲突产生后，就立即停止发送信息，并发送强化"冲突"的信号，然后采用某种算法等待一段时间后再重新侦听线路，准备重新发送该信息。CSMA/CD 协议的工作流程图 4-7 所示，对 CSMA/CD 协议的工作过程通常可以概括为"先听后发、边听边发、冲突停发、随机重发"。

冲突产生的原因可能是在同一时刻两个节点同时侦听到线路"空闲"，又同时发送信息，所以产生了冲突，使数据发送失败。也可能是一个节点刚刚发送信息，还没有传送到目的节点，而另一个节点检测到线路空闲，将数据发送到总线上，导致冲突的产生。

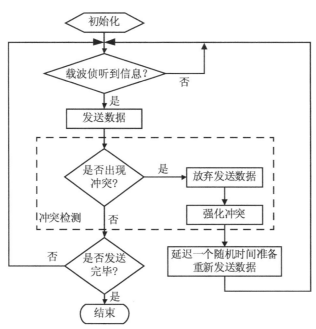

图4-7 CSMA/CD协议的工作流程图

CSMA/CD 一般应用于总线型网络或用于信道使用半双工的网络环境,对于使用全双工的网络环境无须采用这种介质访问控制技术。

CSMA/CD 协议的特点是:在采用 CSMA/CD 协议的总线 LAN 中,各节点通过竞争的方法强占对媒体的访问权利,出现冲突后,必须延迟重发。因此,节点从准备发送数据到成功发送数据的时间是不能确定的,它不适合传输对时延要求较高的实时性数据。其结构简单、网络维护方便、增删节点容易,网络在轻负载(节点数较少)的情况下效率较高。但是随着网络中节点数量的增加,传递信息量增大,即在重负载时,冲突概率增加,总线 LAN 的性能就会明显下降。

2．令牌环(Token Ring)访问控制法

在令牌环介质访问控制方法中,使用了一个沿着环路循环的令牌。网络中的节点只有截获令牌时才能发送数据,没有获取令牌的节点不能发送数据,因此,使用令牌环的 LAN 中不会产生冲突。令牌环介质访问控制方法示意图如图 4-8 所示。

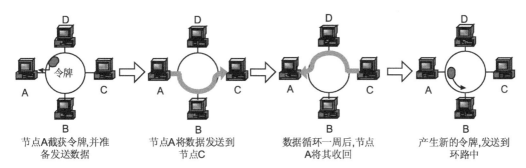

节点A截获令牌,并准备发送数据 　　节点A将数据发送到节点C 　　数据循环一周后,节点A将其收回 　　产生新的令牌,发送到环路中

图4-8 令牌环介质访问控制方法示意图

由于每个节点不是随机地争用信道，不会出现冲突，因此称它是一种确定型的介质访问控制方法，而且每个节点发送数据的延迟时间可以确定。在轻负载时，由于存在等待令牌的时间，效率较低。在重负载时，对各节点公平，且效率高。

采用令牌环的局域网还可以对各节点设置不同的优先级，具有高优先级的节点可以先发送数据，比如某个节点需要传输实时性的数据，就可以申请高优先级。

3．令牌总线（Token Bus）

令牌总线访问控制是在物理总线上建立一个逻辑环。从物理连接上看，它是总线结构的局域网，但逻辑上，它是环型拓扑结构。令牌总线访问控制方法示意图如图 4-9 所示。

连接到总线上的所有节点组成了一个逻辑环，每个节点被赋予一个顺序的逻辑位置。和令牌环一样，节点只有取得令牌才能发送帧，令牌在逻辑环上依次传递。在正常运行时，当某个节点发送完数据后，就要将令牌传送给下一个节点。

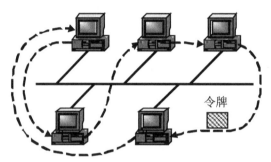

图4-9　令牌总线访问控制方法示意图

令牌总线适用于重负载的网络中，数据发送的延迟时间确定，适合实时性的数据传输等。其网络管理较为复杂，网络必须有初始化的功能，以生成一个顺序访问的次序。令牌总线访问控制的复杂性高，如网络中的令牌丢失、出现多个令牌、将新节点加入到环中、从环中删除不工作的节点等。

4.3　以太网

以太网（Ethernet）指的是由 Xerox 公司创建并由 Xerox、Intel 和 DEC 公司联合开发的基带局域网规范，是当今现有局域网采用的最通用的通信协议标准。以太网络使用 CSMA/CD 技术，并以 10MbpS 的速率运行在多种类型的电缆上。以太网与 IEEE802.3 系列标准相类似。以太网是应用最为广泛的局域网,包括标准的以太网（10Mbps)、快速以太网（100Mbps)和 10Gbps 以太网，它们都符合 IEEE 802.3。IEEE 802.3 规定了包括物理层的连线、电信号和介质访问层协议的内容。以太网是当前应用最普遍的局域网技术，它很大程度上取代了其他局域网标准，如令牌环、FDDI 和 ARCNET。历经 100Mbps 以太网在 20 世纪末的飞速发展后，千兆位以太网甚至 10Gbps 以太网正在国际组织和领导企业的推动下不断拓展应用范围。

4.3.1　以太网的工作原理

以太网采用带冲突检测的载波侦听多路访问（CSMA/CD）机制。在以太网中的节点都可以看到在网络中发送的所有信息，因此说以太网是一种广播网络。

当以太网中的一台主机要传输数据时，它将按如下步骤进行：

Step 01 监听信道上是否有信号在传输。如果有，表明信道处于忙碌状态，就继续监听，直到信道空闲为止。

Step 02 若没有监听到任何信号，就传输数据。

Step 03 传输时继续监听，如发现冲突则执行退避算法，随机等待一段时间后，重新执行 **Step 01**（当冲突发生时，涉及冲突的计算机会立即停止发送，并向总线上发一串短的阻塞序列，通知总线上各站冲突已发生，本机返回到监听信道状态）。

Step 04 若未发现冲突，则发送成功，所有计算机在试图再一次发送数据之前，必须在最近一次发送后等待 9.6 微秒（以 10Mbps 运行）。

4.3.2　千兆位以太网技术

千兆位以太网技术作为最新的高速以太网技术，给用户带来了提高核心网络的有效解决方案，这种解决方案的最大优点是继承了传统以太技术价格便宜的优点。千兆位技术仍然是以太技术，它采用了与 10Mbps 以太网相同的帧格式、帧结构、网络协议、全/半双工工作方式、流控模式及布线系统。由于该技术不改变传统以太网的桌面应用、操作系统，因此可与 10Mbps 或 100Mbps 以太网很好地配合工作。升级到千兆位以太网不必改变网络应用程序、网管部件和网络操作系统，能够最大程度地保护投资。此外，IEEE 标准将支持最大距离为550 米的多模光纤、最大距离为 70 千米的单模光纤和最大距离为 100 米的同轴电缆。

千兆位以太网技术有两个标准：IEEE 802.3z 和 IEEE 802.3ab。IEEE 802.3z 制定了光纤和短程铜线连接方案的标准，IEEE 802.3ab 制定了 5 类双绞线上较长距离连接方案的标准。

1. IEEE 802.3z

IEEE 802.3z 工作组负责制定光纤（单模或多模）和同轴电缆的全双工链路标准。IEEE 802.3z 定义了基于光纤和短距离铜缆的 1000Base-X，采用 8B/10B 编码技术，信道传输速度为 1.25Gbps，去耦后实现 1000Mbps 传输速度。IEEE 802.3z 具有下列千兆位以太网标准：

① 1000Base-SX：只支持多模光纤，可以采用直径为 62.5μm 或 50μm 的多模光纤，工作波长为 770~860nm，传输距离为 220~550m。

② 1000Base-LX：可以支持直径为 9μm 或 10μm 的单模光纤，工作波长范围为 1270~1355nm，传输距离为 5km 左右。

③ 1000Base-CX：采用 150Ω 屏蔽双绞线（STP），传输距离为 25m。

2. IEEE 802.3ab

IEEE 802.3ab 工作组负责制定基于 UTP 的半双工链路的千兆位以太网标准，产生 IEEE 802.3ab 标准及协议。IEEE 802.3ab 定义基于 5 类 UTP 的 1000Base-T 标准，其目的是在 5 类 UTP 上以 1000Mbps 速率传输 100m。IEEE 802.3ab 标准的意义主要有如下两点：

① 保护用户在 5 类 UTP 布线系统上的投资。

② 1000Base-T 是 100Base-T 的自然扩展，与 10Base-T、100Base-T 完全兼容。不过，在 5 类 UTP 上达到 1000Mbps 的传输速率；需要解决 5 类 UTP 的串扰和衰减问题，因此，IEEE 802.3ab 工作组的开发任务要比 IEEE802.3z 复杂些。

4.3.3 万兆位以太网技术

万兆位以太网规范包含在 IEEE 802.3 标准的补充标准 IEEE 802.3ae 中，它扩展了 IEEE 802.3 协议和 MAC 规范，使其支持 10Gbps 的传输速率。除此之外，通过 WAN 界面子层（WAN Interface Sublayer，WIS），万兆位以太网也能被调整为较低的传输速率，如 9.584640Gbps（OC-192），这就允许万兆位以太网设备与同步光纤网络（SONET）STS-192c 传输格式相兼容。

4.4 虚拟局域网

VLAN（Virtual Local Area Network）的中文名为"虚拟局域网"。VLAN 是一种将局域网设备从逻辑上划分成一个个网段，从而实现虚拟工作组的新兴数据交换技术。这一新兴技术主要应用于交换机和路由器中，但主流应用还是在交换机之中。但又不是所有交换机都具有此功能，只有 VLAN 协议的第二层以上交换机才具有此功能，这一点可以查看相应交换机的说明书即可得知。

1．VLAN 的概念和特点

一组逻辑上的设备和用户并不受物理网段的限制，可以根据功能、部门及应用等因素将它们组织起来，相互之间的通信就好像它们在同一个网段中一样，由此得名虚拟局域网。VLAN 是一种比较新的技术，工作在 OSI 参考模型的第 2 层和第 3 层，一个 VLAN 就是一个广播域，VLAN 之间的通信是通过第 3 层的路由器来完成的。与传统的局域网技术相比较，VLAN 技术更加灵活。它具有如下优点：

- 网络设备的移动、添加和修改的管理开销减少。
- 可以控制广播活动。
- 可以提高网络的安全性。

2．VLAN 的划分方法

（1）端口划分 VLAN

许多 VLAN 厂商都利用交换机的端口来划分 VLAN 成员。被设定的端口都在同一个广播域中。例如，一个交换机的 1、2、3、4、5 端口被定义为虚拟网 AAA，同一交换机的 6、7、8 端口组成虚拟网 BBB。这样做允许各端口之间的通信，并允许共享型网络的升级。但是，这种划分模式将虚拟网限制在了一台交换机上。

第二代端口 VLAN 技术允许跨越多个交换机的多个不同端口划分 VLAN，不同交换机上的若干个端口可以组成同一个虚拟网。

以交换机端口来划分网络成员，其配置过程简单明了。因此，从目前来看，这种根据端口来划分 VLAN 的方式仍然是最常用的一种方式。

（2）MAC 地址划分 VLAN

MAC 地址划分 VLAN 的方法是根据每个主机的 MAC 地址来划分，即对每个 MAC 地址的主机都配置它属于哪个组。这种划分 VLAN 方法的最大优点就是当用户物理位置移动时，即从一个交换机换到其他的交换机时，VLAN 不用重新配置，所以，可以认为这种根据 MAC 地址的划分方法是基于用户的 VLAN。这种方法的缺点是初始化时，所有的用户都必须进行配置，如果有几百个甚至上千个用户，配置起来是非常烦琐的。而且这种划分的方法也导致了交换机执行效率的降低，因为在每一个交换机的端口都可能存在很多个 VLAN 组的成员，这样就无法限制广播包了。另外，对于使用笔记本电脑的用户来说，他们的网卡可能经常更换，这样，VLAN 就必须不停地配置。

（3）网络层划分

网络层划分 VLAN 的方法是根据每个主机的网络层地址或协议类型（如果支持多协议）划分的，虽然这种划分方法是根据网络地址，比如 IP 地址，但它不是路由，与网络层的路由毫无关系。

该方法的优点是用户的物理位置改变了，不需要重新配置所属的 VLAN，而且可以根据协议类型来划分 VLAN，这对网络管理者来说很重要。另外，该方法不需要附加的帧标签识别 VLAN，这样可以减少网络的通信量。

该方法的缺点是效率低，因为检查每一个数据包的网络层地址需要消耗处理时间（相对于前面两种方法），一般的交换机芯片都可以自动检查网络上数据包的以太网帧头，但要让芯片能检查 IP 帧头，需要更高的技术，同时也更费时。当然，这与各个厂商的实现方法有关。

（4）IP 组播划分

IP 组播实际上也是一种 VLAN 的定义，即认为一个组播组就是一个 VLAN，该划分的方法将 VLAN 扩大到了广域网，因此该方法具有更大的灵活性，而且也很容易通过路由器进行扩展。当然这种方法不适合局域网，主要是效率不高。

（5）基于规则的划分

基于规则的划分也称为基于策略的 VLAN。这是最灵活的 VLAN 划分方法，具有自动配置的能力，能够把相关的用户连成一体，在逻辑划分上称为"关系网络"。网络管理员只需在网管软件中确定划分 VLAN 的规则（或属性），那么当一个站点加入网络中时，将会被"感知"，并被自动地包含到正确的 VLAN 中。同时，对站点的移动和改变也可自动识别和跟踪。

采用这种方法，整个网络可以非常方便地通过路由器扩展网络规模。有的产品还支持一个端口上的主机分别属于不同的 VLAN，这在交换机与共享式 Hub 共存的环境中显得尤为重要。自动配置 VLAN 时，交换机中的软件自动检查进入交换机端口的广播信息的 IP 源地址，然后软件自动将这个端口分配给一个由 IP 子网映射成的 VLAN。

（6）按用户划分

基于用户定义、非用户授权来划分 VLAN，是指为了适应特别的 VLAN 网络，根据具体的网络用户的特别要求来定义和设计 VLAN，而且可以让非 VLAN 群体用户访问 VLAN，但是需要提供用户密码，在得到 VLAN 管理的认证后才可以加入一个 VLAN。

上述划分 VLAN 的方式中，基于端口的 VLAN 端口方式建立在物理层上；MAC 方式建立在数据链路层上；网络层和 IP 广播方式建立在第三层上。

任务4-2　组建一个无线局域网

 ## 任务解读

新通公司新建一会议室，会议室面积为 120 平方米左右，由于开会人员经常需要做报告，发邮件，连接投影仪，而开会人员通常自备笔记本电脑，每次参与会议的人数不定。布置网线端口不仅会破坏会议室的美观，还很不方便，因此需要组建一个无线局域网供与会人员连接网络。

 ## 学习领域

无线局域网，顾名思义就是以无线电波作为信息的传播载体，在某一区域内与相关的无线电收发设备连接，这些设备在进行无线电波接收的同时也就完成了数据的传递和接收工作，形成一个肉眼看不见的无线网络。要构建一个会议室的无线网络必须具备以下知识：

① 认识无线网卡和无线 AP；对无线网卡的安装、无线路由器和无线 AP 的配置操作熟练。

② 了解无线介质的概念和以太网的概念。

③ 学会子网划分的方法，熟悉 IEE 802, 理解 CSMA/CD。

 ## 任务实施

1. 无线网卡的安装与拆卸

无线网卡，即 Wireless LAN PC Card, 适用于带 PCMCIA 槽的计算机。无线网卡如图 4-10 所示。

（1）插入无线网卡

现在很多笔记本电脑中已经内置了无线网卡；如果没有内置，可以插入无线外置网卡，市场有非常方便的 USB 接口的外置无线网卡，直接插入电脑的 USB 接口即可。

（2）无线网卡的软件的安装

Step 01 无线网卡第一次插入到电脑，需要安装驱动程序。先找到无线网卡的型号，然后到网上搜索该型号的驱动程序，下载后解压；将无线网卡插入计算机的 USB 接口，系统会发现新硬件，并弹出"发现新硬件向导"对话框，如图 4-11 所示。

图4-10　无线网卡　　　　　　　　　　　图4-11　发现新硬件

Step 02 如果没有提示,则右击"我的电脑"图标,在弹出的快捷菜单中选择"属性"命令,在打开的"系统属性"对话框中切换到"硬件"选项卡,单击"设备管理器"按钮,进入设备管理器的界面,如图 4-12 所示。

图4-12　设备管理器的界面

Step 03 单击"操作" → "扫描检测硬件改动"命令，这时就会打开"发现新硬件"的对话框，然后根据"硬件更新向导"完成无线网卡的驱动程序的安装。

2．无线局域网的连接

目前主要与无线网卡进行无线连接的是无线宽带路由器，因此本节主要针对无线宽带路由器进行配置。

无线电设备的信号发射有一个比较明显的特征就是以发射点为球心，向四周辐射出去，其信号辐射距离没有明确的边界，因此一间房子的无线收发设备很可能会接收到另一间房子的信号，无线局域网也有这种情况发生。相同品牌的无线路由器在出厂时都有一个默认的 ID，这个 ID 在该品牌所有的无线路由器中都是相同的，如果不对其进行设置，在网络接入时会造成混乱的局面。

（1）硬件连接

① 用网线将计算机直接连接到路由器 LAN 口，也可将路由器的 LAN 口和局域网中的集线器或交换机通过网线相连，如图 4-13 所示。

② 用网线将路由器 WAN 口和 xDSL/CableModem 或以太网相连。

③ 连接好电源，路由器将自行启动。

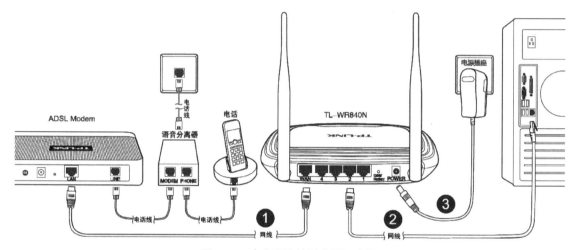

图4-13　路由器连接以太网示意图

（2）建立正确的网络连接

① 计算机 IP 地址的设置。在打开的"网络连接"页面中，右击"本地连接"，选择"属性"命令，在打开的"本地连接属性"页面中，双击"Intelnet 协议（TCP/IP）"，弹出"Intelnet 协议（TCP/IP）属性"页面，选中"自动获取 IP 地址"项后单击"确定"按钮即可。或者指定 IP 为 192.168.1.X（X 在 2~254 之间）。

② 使用 Ping 命令测试与路由器的连通。在 Windows XP 环境中，选择"开始"→"运行"命令，在随后出现的运行窗口中输入"cmd"命令，进入图 4-14 所示的 DOS 界面。

图4-14　DOS界面

输入命令 Ping 192.168.1.1，如果屏幕显示为如图 4-15 所示的内容，则证明计算机已与路由器成功建立连接。

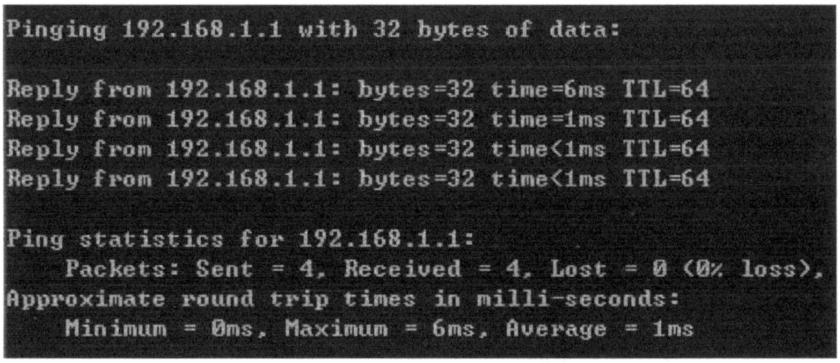

```
Pinging 192.168.1.1 with 32 bytes of data:

Reply from 192.168.1.1: bytes=32 time=6ms TTL=64
Reply from 192.168.1.1: bytes=32 time=1ms TTL=64
Reply from 192.168.1.1: bytes=32 time<1ms TTL=64
Reply from 192.168.1.1: bytes=32 time<1ms TTL=64

Ping statistics for 192.168.1.1:
    Packets: Sent = 4, Received = 4, Lost = 0 (0% loss),
Approximate round trip times in milli-seconds:
    Minimum = 0ms, Maximum = 6ms, Average = 1ms
```

图4-15 ping命令成功运行界面

如果屏幕显示为如图4-16所示的内容，则说明设备还未安装好，应按照下列顺序检查。

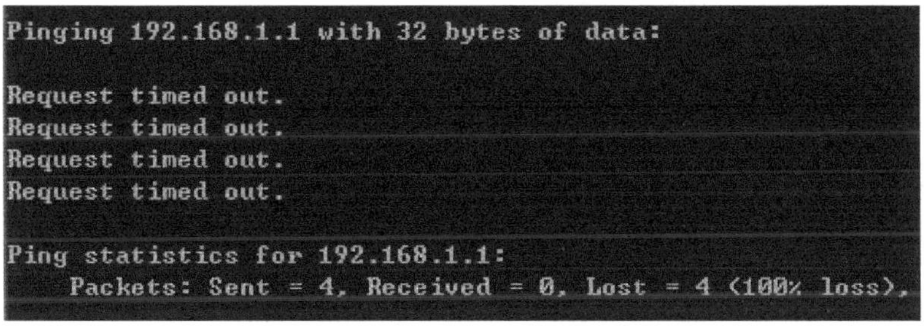

```
Pinging 192.168.1.1 with 32 bytes of data:

Request timed out.
Request timed out.
Request timed out.
Request timed out.

Ping statistics for 192.168.1.1:
    Packets: Sent = 4, Received = 0, Lost = 4 (100% loss),
```

图4-16 ping命令失败运行界面

- 硬件连接是否正确？路由器面板上对应局域网端口的 Link/Act 指示灯和计算机上的网卡指示灯必须亮。
- 计算机的 TCP/IP 设置是否正确？若计算机的 IP 地址为前面介绍的自动获取方式，则无须进行设置。若手动设置 IP，应注意如果路由器的 IP 地址为 192.168.1.1，那么计算机 IP 地址必须为 192.168.1.X（X 是 2~254 之间的任意整数），子网掩码须设置为 255.255.255.0，默认网关须设置为 192.168.1.1。

（3）TP-Link 无线路由器的快速设置

Step 01 打开 IE 浏览器，在浏览器的地址栏中输入路由器的 IP 地址：192.168.1.1，将会看到图 4-17 所示的登录界面，输入用户名和密码（用户名和密码的出厂默认值均为 admin），单击"确定"按钮。

Step 02 浏览器会弹出如图 4-18 所示的设置向导页面。

Step 03 如果没有自动弹出此页面，可以单击页面左侧的"设置向导"菜单将它激活。单击"下一步"按钮，进入图 4-19 所示的页面，这里根据用户的上网方式进行选择，一般家庭宽带用户是 PPPoE 拨号用户。此处为会议室无线局域网，因此选择第一项"让路由器自动选择上网方式"。单击"下一步"按钮，设置上网账号与上网口令，如图 4-20 所示。

图4-17　路由器登录

图4-18　路由器设置向导

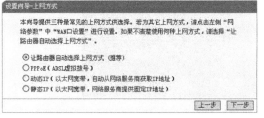

图4-19　路由器设置向导-上网方式　　　　　图4-20　路由器设置向导-账号和口令

Step 04 设置完成后，单击"下一步"按钮，将看到如图 4-21 所示的参数设置页面。

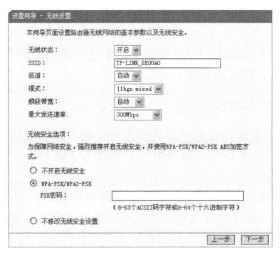

图4-21　路由器设置向导-无线设置

- 无线状态：开启或者关闭路由器的无线功能。
- SSID：设置任意一个字符串来标识无线网络。
- 信道：设置路由器的无线信号频段，建议选择自动。
- 模式：设置路由器的无线工作模式，建议使用 11bgn mixed 模式。
- 频段带宽：设置无线数据传输时所占用的信道宽度，可选项有 20M、40M 和自动。

- 最大发送速率：设置路由器无线网络的最大发送速率。
- 不开启无线安全：关闭无线安全功能，即不对路由器的无线网络进行加密，此时其他人均可以加入该无线网络。
- WPA-PSK/WPA2-PSK：路由器无线网络的加密方式，如果选择了该项，应在"PSK 密码"中输入密码，密码要求为 8~63 个 ASCII 字符或 8~64 个十六进制字符。
- 不修改无线安全设置：选择该项，则无线安全选项中将保持上次设置的参数。如果从未更改过无线安全设置，则选择该项后，将保持出厂默认设置，关闭无线安全。

Step 05 设置完成后，单击"下一步"按钮，将弹出设置向导完成界面，重新启动路由器，使无线设置生效。

Step 06 重启以后，TP-Link 无线路由器的基本设置就完成了。

4.5　无线局域网

无线局域网（Wireless Local Area Networks，WLAN）是相当便利的数据传输系统，它利用射频（Radio Frequency，RF）技术，取代旧式碍手碍脚的双绞铜线（Coaxial）所构成的局域网络，使得无线局域网络能利用简单的存取架构，让用户通过它来达到"信息随身化、便利走天下"的理想境界。

4.5.1　无线局域网的特点

相对于传统的有线网络，无线局域网具备诸多优势，无线桥接通信在可靠性、可用性和抗毁性等很多方面超出了传统的有线网络连接方式，尤其在一些特殊的地理环境下，更能体现出其优越性，主要体现在以下几个方面：

① 灵活性和移动性。在有线网络中，网络设备的安放位置受网络位置的限制，而无线局域网在无线信号覆盖区域内的任何一个位置都可以接入网络。无线局域网另一个最大的优点在于其移动性，连接到无线局域网的用户可以移动且能同时与网络保持连接。

② 安装便捷。无线局域网可以免去或最大程度地减少网络布线的工作量，一般只要安装一个或多个接入点设备，就可建立覆盖整个区域的局域网络。

③ 易于进行网络规划和调整。对于有线网络来说，办公地点或网络拓扑的改变通常意味着重新建网。重新布线是一个费时、费力、烦琐且代价昂贵的过程，无线局域网可以避免或减少以上情况的发生。

④ 故障定位容易。有线网络一旦出现物理故障，尤其是由于线路连接不良而造成的网络中断，往往很难查明，而且检修线路需要付出很大的代价。无线网络则很容易定位故障，只需更换故障设备即可恢复网络连接。

⑤ 易于扩展。无线局域网有多种配置方式，可以很快从只有几个用户的小型局域网扩展到上千用户的大型网络，并且能够提供节点间"漫游"等有线网络无法实现的特性。由于无线局域网有以上诸多优点，因此其发展十分迅速。最近几年，无线局域网已经在企业、医院、商店、工厂和学校等场合得到了广泛的应用。

无线局域网在能够给网络用户带来便捷和实用的同时，也存在着一些缺陷。无线局域网的不足之处体现在以下几个方面：

① 性能。无线局域网是依靠无线电波进行传输的。这些电波通过无线发射装置进行发射，而建筑物、车辆、树木和其他障碍物都可能阻碍电磁波的传输，所以会影响网络的性能。

② 速率。无线信道的传输速率与有线信道相比要低得多。目前，无线局域网的最大传输速率为 1Gbps，只适合于个人终端和小规模网络应用。

③ 安全性。本质上无线电波不要求建立物理的连接通道，无线信号是发散的。从理论上讲，很容易监听到无线电波广播范围内的任何信号，从而造成通信信息泄露。

4.5.2　无线网络的协议和标准

目前常用的无线网络标准主要有美国 IEEE 制定的 802.11 标准（包括 802.11a 、802.11b 及 802.11g 等标准）、蓝牙（Bluetooth）标准及 HomeRF（家庭网络）标准等。

IEEE 802.11 是 IEEE 为解决无线网路设备互连，于 1997 年 6 月制定发布的无线局域网标准。802.11 是 IEEE 制定的第一个无线局域网标准，主要用于解决办公室局域网和校园网中用户与用户终端的无线接入，业务主要限于数据访问，速率最高只能达到 2Mbps。由于它在速率和传输距离上都不能满足人们的需要，因此，IEEE 小组又相继推出了 802.11b 和 802.11a 两个新标准，前者已经成为目前的主流标准，而后者也被很多厂商看好。

IEEE 802.11a 是 IEEE 为了改进其最初推出的无线标准 IEEE 802.11 而推出的无线局域网络协议标准，是 IEEE 802.11 的有益补充。

802.11a 标准是已在办公室、家庭、宾馆、机场等众多场合得到广泛应用的 802.11b（传输速度为 11Mbps）无线局域网标准的后续标准。802.11a 标准的传输优点是传输速度快，速度可达 54Mbps，完全能满足语音、数据、图像等业务的需要。缺点是无法与 802.11b 兼容，致使一些早已购买 802.11b 标准的无线网络设备在新的 802.11a 网络中不能使用。在购买设备时，要确认不同设备之间是否同时支持一种协议标准。

IEEE 802.11b 是 IEEE 为了改进其最初推出的无线标准 IEEE 802.11 而推出的第二代无线局域网络协议标准。

IEEE 802.11g 同 802.11b 一样，也工作在 2.4GHz 频段（一种无线工作频率的范围，如果用户使用的手机必须工作在某一频率范围内），比现在通用的 802.11b 速度要快出 5 倍，并且与 802.11 完全兼容，在选购设备时建议确认是否支持该协议标准。

HomeRF 工作组是由美国家用射频委员会领导于 1997 年成立的，其主要工作任务是为家庭用户建立具有互操作性的话音和数据通信网。它推出 HomeRF 的标准集成了语音和数据传送技术，工作频段为 10GHz，数据传输速率达到 100Mbps，在 WLAN 的安全性方面主要考虑访问控制和加密技术。

4.5.3　无线网络的拓扑结构

根据不同的应用环境，目前无线局域网采用的拓扑结构主要有无中心拓扑结构和有中心拓扑结构。无中心拓扑结构如图 4-22 所示。

无中心拓扑的网络要求网络中任意两个站点均可直接通信，适用于用户相对少的工作群网络规模。无中心网络拓扑也称为没有基础设施的无线局域网。该模式下的典型组网方式称为点对点模式 Ad-hoc，也叫作对等结构模式或者自组织网络 / 移动自组网。这种拓扑的网络无法接入到有线网络中，只能独立使用，无须 AP，安全等功能由各个客户端自行维护。

移动自组网的优势在于：组网灵活、快捷，可以广泛运用于临时通信的环境。缺陷表现在：当网络中用户数量过多时，信道竞争会严重影响网络性能；路由信息随着用户数量的增加快速上升，严重时会阻碍数据通信的进行；只能适用于少数用户的组网。

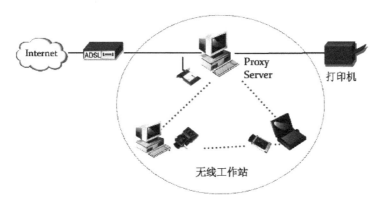

图4-22 无中心拓扑结构

有中心拓扑结构要求一个无线站点充当中心站，所有站点对网络的访问均由其控制。中心网络拓扑也称为有基础设施的无线局域网。有中心拓扑又分为用于室内环境的接入点式和主要用于室外环境的无线分布系统，其中无线分布系统又可再细分为点对点型、点对多点型和混合型拓扑结构。

1. 接入点式（AP）拓扑结构

接入点式（AP）拓扑结构的典型组网模式为基础结构模式（Infrastructure），由接入点（AP）、无线工作客户端及分布式系统（Distribution System Services，DSS）构成，覆盖的区域称为基本服务集（Basic Service Set，BSS）。无线客户端与 AP 关联采用 AP 的基本服务区标识符（Basic Service Set Identifier，BSSID）。从应用角度出发，绝大多数无线局域网都属于有中心网络拓扑结构，但是有中心网络拓扑结构的抗摧毁性差，AP 的故障容易导致整个网络的瘫痪。接入点式拓扑结构如图 4-23 所示。

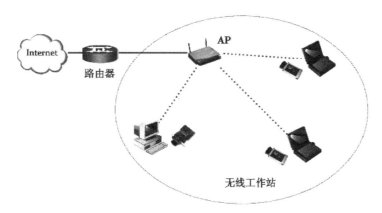

图4-23 接入点式拓扑结构

多 AP 模式是指由多个 AP 及连接它们的分布式系统 DSS 组成的基础结构模式。每个 AP 是一个独立的 BSS，多个 BSS 组成一个扩展服务集（Extended Service Set，ESS）。ESS 内所有 AP 共享一个共同的扩展服务器标识符（Extended Service Set Identifier，ESSID）。相同的 ESSID 之间可以漫游，不同的 ESSID 的无线网络形成不同的逻辑子网。多 AP 模式也称为"多蜂窝结构"，各个蜂窝之间应有 15% 的重叠范围，便于无线工作站的漫游。漫游时必须进行不同 AP 接入点之间的切换。切换可以通过交换机以集中的方式控制，也可通过移动节点、检测节点的信号强度来控制。

2．点对点型拓扑结构

点对点型拓扑结构典型的应用有无线网桥模式，利用一对无线网桥连接两个有线或者无线局域网段。利用信号放大器和定向天线可以使得无线局域网的覆盖距离增大到 50km。点对点型拓扑结构如图 4-24 所示。

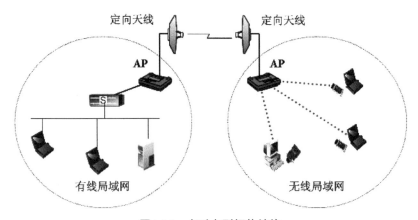

图4-24　点对点型拓扑结构

3．点对多点型拓扑结构

点对多点无线网桥能够把多个离散的远程的网络连成一体，结构相对于点对点无线网桥来说较复杂。点对多点无线网桥通常以一个网络为中心点发送无线信号，其他接收点进行信号接收。中心点的天线在不同的项目中会采用不同的中心天线配置方案，可以采用全向天线、扇面天线、定向天线或组合天线。全向天线将信号均匀分布在中心点周围 360° 全方位区域，适用于链接点距离较近、分布角度范围大、且数量较多的情况。扇面天线具有能量定向聚集功能，可以有效地进行水平 180°、120°、90° 范围内的覆盖，因此如果远程链接点在某一角度范围内比较集中时，可以采用扇面天线。定向天线的能量聚集能力最强，信号的方向指向性极好，因此当远程链接点数量较少，或者角度方位相当集中时，采用定向天线是最为有效的方案。点对点型拓扑结构如图 4-25 所示。

4．混合型拓扑结构

混合型拓扑结构是有线和无线的混合型，在有线不能到达的环境，可以采用多蜂窝无线中继结构。混合型拓扑结构如图 4-26 所示。

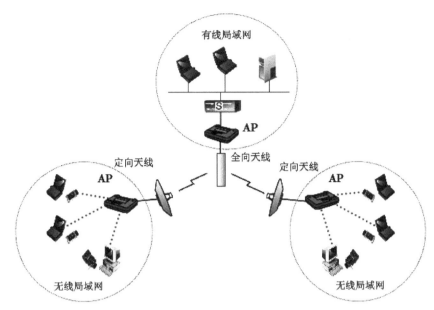

图4-25 点对多点型拓扑结构

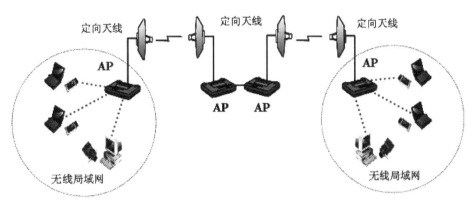

图4-26 混合型拓扑结构

 思考与动手

一、选择题

1. 在 10BASE-T 以太网系统中，网卡上用（ ）这对双绞线作为数据信息的发送。

A. 1-2　　　　　B. 3-4　　　　　C. 3-5　　　　　D. 4-5

2. 1000BASE-T 千兆位以太网的传输介质是（ ）。

A. 单模光纤　　　B. 多模光纤　　　C. 双绞线　　　D. 钢缆

3. 矩阵交换结构的以太网交换机主要采用（ ）的方法实现。

A. 软件和硬件　　　　　　　　B. 软件、硬件和控制处理

C. 软件　　　　　　　　　　　D. 硬件

4．描写令牌环网的标准是（　　）。

A．802．2　　　　　B．802．3　　　　　　C．802．4　　　　　D．802．5

5．假如网卡中心连接器为 ST，则网络的传输介质为（　　）。

A．双绞线　　　　B．细缆　　　　　　C．粗缆　　　　　　D．光纤

6．在 Token-Ring 的帧格式中，目的地址字段为全 1 的地址是表示（　　）。

A．单地址　　　　B．广播地址　　　　C．组地址　　　　　D．无效地址

7．用于传输数字信号的同轴电缆一般称为（　　）。

A．基带电缆　　　B．频带电缆　　　　C．信号电缆　　　　D．传输电缆

8．如采用中继器来扩展网络，Ethernet 最多可用（　　）中继器。

A．3　　　　　　B．4　　　　　　　C．5　　　　　　　D．6

9．FastIP 的主要技术基础是采用（　　）协议。

A．NHRP　　　　B．RARP　　　　　C．HROP　　　　　D．ICMP

10．新型结构的高性能 L3 交换是基于（　　）层的网络设备。

A．网络　　　　　　　　　　　　B．数据链路和网络

C．数据键路　　　　　　　　　　D．传输和网络

二、填空题

1．10BASE-T 以太网络的拓扑结构是_____。

2．传输媒体是计算机数据通信时，收发双方进行数据交换的_____通路。

3．100BASE-TX 的全双工以太网段最长距离为_____米。

4．在以太网的帧结构中，前导码的作用主要是_____。

5．在 IEEE 802 标准系列中，规定令牌传递总线访问方法和物理层规范的标准是_____。

三、简答题和实践题

1．简述 CSMA/CD 介质访问控制机制。

2．简述目前无线局域网主要应用在哪些领域。

3．如何在对等局域网中共享资源，请说明主要步骤。

4．假设某学生宿舍有 4 台计算机需要一起上网，请设计网络拓扑结构，并说明需要购买哪些设备，如何安装和设置。

第5章

网络基础服务

学习目标

- 掌握互联网的一些常用服务的概念，如 WWW、电子邮件、文件传输、远程登录。
- 掌握域名的概念和域名服务的工作原理。
- 能熟练在服务器建立 WWW 服务。
- 能熟练在服务器建立 FTP 服务。

任务5-1　在网络中发布一个个人网站

任务解读

张明自己做了一个网站，网站有若干页面，包括图片、动画和音乐，现在想要将网站发布到网上去，请问该怎么操作？

学习领域

一个完整网站＝域名＋网页＋虚拟主机
网站建设步骤如下：

Step 01 注册域名和申请虚拟主机。

Step 02 收集资料，进行网站设计与制作。

Step 03 将做好的网页上传到虚拟主机，发布网站。

Step 04 用 FlashFXP 软件连接虚拟主机和本地电脑。

Step 05 连接成功，就可以将做好的网页上传到虚拟主机。

Step 06 网站建立成功，用域名浏览网页。

 **任务实施**

1．注册域名

（1）准备申请资料：.com 域名无须提供身份证、营业执照等资料。2012 年 6 月 3 日，.cn 域名已开放个人申请注册，申请注册时需要提供身份证或企业营业执照。

（2）寻找域名注册网站：推荐谷谷互联，由于 .com、.cn 域名等不同后缀均需要不同注册管理机构来管理，如要注册不同后缀域名，则需要从注册管理机构寻找经过其授权的顶级域名注册查询服务机构。如 .com 域名的管理机构为 ICANN，.cn 域名的管理机构为 CNNIC（中国互联网络信息中心）。域名注册查询注册商已经通过 ICANN、CNNIC 双重认证，则无须分别到其他注册服务机构申请域名。

（3）查询域名：在注册商网站注册用户名成功后并查询域名，选择要注册的域名，并单击域名注册查询。

（4）正式申请：查到想要注册的域名，并且确认域名为可申请的状态后，提交注册，并缴纳年费。

（5）申请成功：正式申请成功后，即可开始进行 DNS 解析管理、设置解析记录等操作。

2．申请虚拟主机

所谓虚拟主机，也称为"网站空间"，就是把一台运行在互联网上的服务器划分成多个"虚拟"的服务器，每一个虚拟主机都具有独立的域名和完整的 Internet 服务器（支持 WWW、FTP、E-mail 等）功能。虚拟主机是在网络服务器上分出一定的磁盘空间供用户放置站点、应用组件等，提供必要的站点功能、数据存放和传输功能。虚拟主机是网络发展的"福音"，极大地促进了网络技术的应用和普及；同时，虚拟主机的租用服务也成为网络时代新的经济形式。虚拟主机的租用类似于房屋租用。现在提供虚拟主机的服务商有很多，用户可以根据自己的需要进行选择。下面简单介绍中国八大虚拟空间服务商。

（1）万网：国内最早建立的老牌 IDC 空间商，代理商多。2012 年纳入阿里巴巴集团旗下，之后的重心是域名注册领域，服务器为辅，适合有经济实力的大型企事业单位使用。

（2）新网：万网同一时代的 IDC，业务范围包括域名注册服务、主机服务和电子邮箱服务等。前几年连续出现大规模的服务器故障，近几年较稳定，多年来多次被 CNNIC 授予金牌注册服务机构，成熟的技术背后是高昂的服务价格，适合有经济实力的大型企事业单位使用。

（3）亿恩科技：亿恩虚拟主机有 DELL 高端专用服务器、全国范围内精选的数据中心、以及安全稳定功能齐全的虚拟主机管理系统构成。经过十余年成长，现在已经发展出一套完备的研发与售后体系。据了解，目前亿恩虚机用户已达 30 多万家，安全、稳定，非常适合中小企业网站使用。

（4）西部数码：CNNIC 认证的服务器和玉米注册商。近几年来，该公司在营销推广方面做足功课，虚拟主机整体一般，褒贬不一，价格偏高，适合有经济实力的用户。

（5）新网互联：企业互联网移动应用服务提供商，原先与新网同一家，后来独立出来。不过该企业重心业务倾向于域名，在虚拟主机业务方面并无太多创新，不支持独立 IP 虚拟主机。价格中等，香港主机和海外主机价格偏高。

（6）美橙互联：产品服务平台全面采用国际领先的专业软件系统，并提供域名注册、企业邮箱、智能 DNS、智能建站（建站之星）、虚拟服务器（VPS）、服务器租用、服务器托管等完整的网络产品线，该公司的网站模板建设上比较有竞争力，然而其虚拟主机这块较为薄弱，主机整体一般。可提供海外主机，不支持独立 IP 地址主机，适合企业用户使用。

（7）商务中国：创立于 2001 年，是中国领先的互联网应用服务综合提供商，致力于为全球各类企业和个人提供域名、企业邮箱、空间租用、IDC、网站建设等互联网基础应用服务及企业信息化综合解决方案，已为全球超过 60 万的用户提供相关服务，旗下 4000 余家代理商遍布中国所有省份。有海外主机，不支持独立 IP 主机，适合企业用户使用。

（8）华夏名网：首批具有 ICP 资质的服务商，主要有域名注册、服务器、虚拟主机、虚拟主机安装敏感词过滤功能，如果网站涉及敏感词较多，则会被屏蔽。目前站长普遍反映主机速度一般，特别是客服问题反映比较多，亟待改进。

3．用 FlashFXP 工具连接虚拟主机，上传网站资源

Step 01 下载 FlashFXP 上传软件并安装该软件。

Step 02 打开 FlashFXP，出现如图 5-1 所示的界面，单击"站点"→"站点管理器"命令，进入如图 5-2 所示的界面。

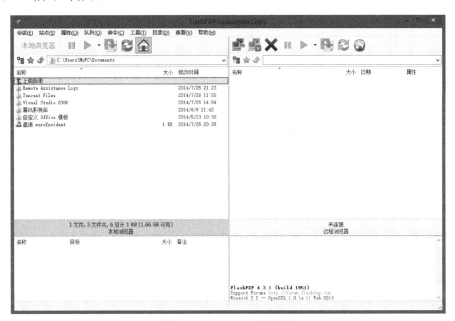

图5-1 FlashFXP主界面

Step 03 选择图 5-2 左下边的"新建站点"命令，输入站点的别名，假设为 AA；单击"确定"按钮，进入图 5-3 所示的界面，根据实际情况来填写。

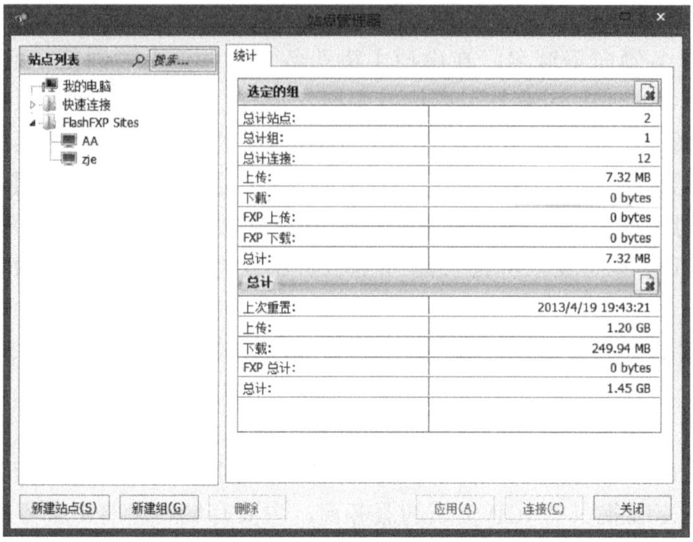

图5-2 FlashFXP-站点管理

图5-3 FlashFXP-站点属性

- 站点名称：站点别名，根据个人需要选取。
- 地址：填写虚拟主机的 FTP 服务器域名地址或 IP 地址。
- 用户名称：填写用户登录虚拟主机的用户名。
- 密码：填写用户登录虚拟主机的密码。
- 本地路径：通过浏览选择本地存放站点的根目录。

Step 04 填写无误，单击"连接"按钮，出现如图 5-4 所示的界面。因为网站文件的根目录是 wwwroot，该目录是申请虚拟空间时系统自带建立的一个网站页面，将其中的内容删除，上传自己的所有网站资料即可。注意站点的首页文件一定要直接放在 wwwroot 内，且文件名是 index.html 或 index.asp；网站上传完成，界面如图 5-5 所示。现在就可根据空间域名用 IE 浏览器浏览网页。

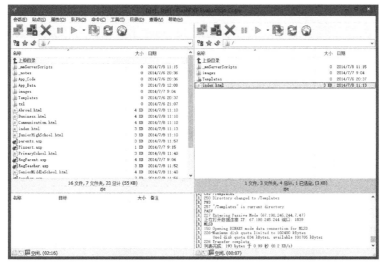

图5-4 FlashFXP-站点连接

图5-5 FlashFXP-站点上传

5.1 Internet服务

Internet 是一个涵盖很广的信息库,它存储的信息涉及天文地理、社会、新闻、财经等方面,以商业、科技和娱乐信息为主。除此之外,Internet 还是一个覆盖全球的枢纽中心,通过它我们可以了解来自世界各地的信息、收发电子邮件、和朋友即时通信、进行网上购物、观看影片、阅读新闻杂志,还可以聆听音乐;当然,还可以做很多其他的事情,例如,进行信息传播、通信联络、专题讨论、资料检索等。目前,Internet 已成为世界许多研究和情报机构的重要信息来源。Internet 创造的电脑空间正在以爆炸性的势头迅速发展。通过 Internet,不管对方在世界什么地方,都可以互相交换信息、购买物品、签订巨大项目合同,还可以结算国际贷款。企业领导可以通过 Internet 洞察商海风云,从而得以确保企业的发展;科研人员可以通过 Internet 检索众多国家的图书馆和数据库；医疗人员可以通过 Internet 同世界范围内的同行共同探讨医学难题；工程人员可以通过 Internet 了解同行业发展的最新动态；商界人员可以通过 Internet 实时了解最新的股票行情、期货动态，使自己能够及时地抓住每一次商机，立于不败之地；学生也可以通过 Internet 开阔眼界，并且学习到更多的有益知识。

总之，Internet 能使人们现有的生活、学习、工作及思维模式发生根本性的变化。无论身在何方，Internet 都能把用户和世界连在一起，用户可以坐在家中就能够和世界交流。

Internet 提供的服务包括 WWW 服务、电子邮件（E-mail）、文件传输（FTP）、远程登录（Telnet）、新闻论坛（Usenet）、新闻组（NewsGroup）、电子布告栏（BBS）、Gopher 搜索和文件搜索等，全球用户可以通过 Internet 提供的这些服务来获取 Internet 上提供的信息和功能。下面简单介绍以下最常用的服务。

1．收发 E-mail（E-mail 服务）

电子邮件（E-mail）服务是 Internet 所有信息服务中用户最多和接触面最广泛的一类服务。电子邮件不仅可以到达那些直接与 Internet 连接的用户及通过电话拨号可以进入 Internet 节点的用户，还可以用来同一些商业网（如 CompuServe，AmericaOnline）及世界范围的其他计算机网络（如 BITNET）上的用户通信联系。电子邮件的收发过程和普通信件的工作原理非常相似。

电子邮件和普通信件的不同在于它传送的不是具体的实物而是电子信号，因此它不仅可以传送文字、图形，甚至连动画或程序都可以传送。电子邮件当然也可以传送订单或书信。由于不需要印刷费及邮费，所以大大节省了成本。通过电子邮件，像杂志那样贴有许多照片的很厚的样本都可以简单地传送出去。同时，用户在世界上只要可以上网的地方，都可以收到别人传送的邮件，而不像平常的邮件，必须回到收信的地址才能拿到信件。Internet 为用户提供完善的电子邮件传递与管理服务，电子邮件（E-mail）系统的使用非常方便。

2．远程资源共享（远程登录服务 Telnet）

远程登录是指允许一个地点的用户与另一个地点的计算机上运行的应用程序进行交互对话。远程登录使用支持 Telnet 协议的 Telnet 软件。Telnet 协议是 TCP/IP 通信协议中的终端机协议。Telnet 使用户能够从与 Internet 连接的一台主机进入 Internet 上的任何计算机系统，只要该用户是该系统的注册用户。

3．FTP 服务

FTP 是文件传输的主要的工具。它可以传输任何格式的数据。用 FTP 可以访问 Internet 的各种 FTP 服务器。访问 FTP 服务器有两种方式：一种访问是注册用户登录到服务器系统，另一种访问是用"隐名"（anonymous）进入服务器。

Internet 网上有许多公用的免费软件，允许用户无偿转让、复制、使用和修改。这些公用的免费软件种类繁多，从多媒体文件到普通的文本文件，从大型的 Internet 软件包到小型的应用软件和游戏软件，应有尽有。充分利用这些软件资源，能大大节省软件编制时间，提高效率。用户要获取 Internet 上的免费软件，可以利用文件传输服务（FTP）这个工具。FTP

是一种实时的联机服务功能，它支持将一台计算机上的文件传到另一台计算机上。工作时用户必须先登录到 FTP 服务器上。使用 FTP 几乎可以传送任何类型的文件，如文本文件、二进制可执行文件、图形文件、图像文件、声音文件、数据压缩文件等。

由于现在越来越多的政府机构、公司、大学、科研机构将大量的信息以公开的文件形式存放在 Internet 中，因此，FTP 使用几乎可以获取任何领域的信息。

4. 高级浏览 WWW

WWW（World Wide Web），是一张附着在 Internet 上的覆盖全球的信息"蜘蛛网"，镶嵌着无数以超文本形式存在的信息，其中有"璀璨的明珠"，也有"腐臭的垃圾"。有人称之为全球网，也有人称之为万维网，或者称之为 Web（全国科学技术名词审定委员会建议，WWW 的中译名为"万维网"）。WWW 是当前 Internet 上最受欢迎、最为流行、最新的信息检索服务系统。它把 Internet 上的现有资源统统连接起来，使用户能在 Internet 上已经建立了 WWW 服务器的所有站点提供超文本媒体资源文档。这是因为，WWW 能把各种类型的多媒体信息无缝集成。WWW 不仅提供了图形界面的快速信息查找，还可以通过同样的图形界面（GUI）与 Internet 的其他服务器对接。

由于 WWW 为全世界的用户提供查找和共享信息的手段，所以也可以将 WWW 看作世界上各种组织机构、科研机关、大学、公司厂商热衷于研究开发的信息集合。它基于 Internet 的查询、信息分布和管理系统，是人们进行交互的多媒体通信动态格式。它的正式提法是："一种广域超媒体信息检索原始规约，目的是访问巨量的文档。"WWW 已经实现的部分是，给计算机网络上的用户提供一种兼容的手段，以简单的方式去访问各种媒体。它是第一个真正的全球性超媒体网络，改变了人们观察和创建信息的方法。因而，整个世界迅速掀起了研究开发使用 WWW 的巨大热潮。

WWW 诞生于 Internet 之中，后来成为 Internet 的一部分，而今天，WWW 几乎成了 Internet 的代名词。通过它，加入其中的每个用户能够在瞬间"抵达"世界的各个角落，了解全球的信息。

WWW 并不实际存在于世界的哪一个地方，事实上，WWW 的使用者每天都赋予它新的含义。Internet 的用户（包括机构和个人），把他们需要公之于众的各类信息以主页（Homepage）的形式嵌入 WWW，主页中除文本外还包括图形、声音和其他媒体形式；而内容则包罗万象，无所不有。

5.2 域名服务

5.2.1 域名服务概念

1. 域名的概念

网络是基于 TCP/IP 协议进行通信和连接的，每一台主机都有一个唯一的标识，即固定的 IP 地址，以区别在网络上成千上万个用户和计算机。 网络在区分所有与之相连的网络和主机时，均采用了一种唯一、通用的地址格式，即每一个与网络相连接的计算机和服务器都被指派了一个独一无二的地址。为了保证网络上每台计算机的 IP 地址的唯一性，用户必须向特定机构申请注册，分配 IP 地址。网络中的地址方案分为两套：IP 地址系统和域名地址系统。这两套地址系统是一一对应的关系。IP 地址用二进制数来表示，每个 IP 地址长 32 位，由 4 个小于 256 的数字组成，数字之间用点间隔，例如，100.10.0.1 表示一个 IP 地址。由于 IP 地址是数字标识，使用时难以记忆和书写，因此在 IP 地址的基础上又发展出一种符号化的地址方案，来代替数字型的 IP 地址。每一个符号化的地址都与特定的 IP 地址对应，这样对网络上的资源访问起来就容易得多了。这个与网络上的数字型 IP 地址相对应的字符型地址，就称为域名。

2．域名的构成

以一个常见的域名 www.baidu.com 为例说明，标号"baidu"是这个域名的主体，而最后的标号"com"则是该域名的后缀，表示这是一个 com 国际域名，是顶级域名。而前面的 www 是网络名，为 www 的域名。

DNS 规定，域名中的标号都由英文字母和数字组成，每一个标号不超过 63 个字符，也不区分大小写字母。标号中除连字符（-）外不能使用其他的标点符号。级别最低的域名写在最左边，而级别最高的域名写在最右边。由多个标号组成的完整域名总共不超过 255 个字符。

一些国家也纷纷开发使用采用本民族语言构成的域名，如德语、法语等。我国也开始使用中文域名，但可以预计的是，在今后相当长的时期内，以英语为基础的域名（即英文域名）仍然是主流。

3．域名语法

要解释域名地址的概念，先介绍域的概念，域表示的是一个范围。域内可以容纳许多主机，并非每一台接入因特网的主机都必须具有一个域名地址，但是每一台主机都必须属于某个域，通过该域的域名服务器可以查询和访问到这一台主机。域名采用层次命名结构：**域 . 子域 (. 子域 (. 子域))**，它体现了一种隶属关系。 例如，edu.cn 表示中国 . 教育科研网；seu.edu.cn 表示中国 . 教育科研网 . 东南大学。

主机的域名地址为"主机名 . 所在域"的域名。它唯一标识因特网中的一台设备。例如，东南大学的 Web 服务器名为 WWW，东南大学的域名为 seu.edu.cn，则该服务器的域名地址为 www.seu.edu.cn。

4．域名服务器（DNS）

域名服务器实现域名地址的维护，实现域名地址与 IP 地址的映射，保证主机域名地址在因特网中的唯一性。域名服务（Domain Name Service，DNS）是因特网的一项核心服务，它作为可以将域名和 IP 地址相互映射的一个分布式数据库，能够使用户更方便地访问互联网，而不用去记住能够被机器直接读取的 IP 数串。

5.2.2 域名服务工作原理

在 Internet 上域名与 IP 地址之间是一一对应的，域名虽然便于人们记忆，但机器之间只能通过 IP 地址来互相辨别。域名与 IP 地址之间的转换工作称为域名解析，域名解析需要由专门的域名解析服务器来完成，DNS 就是进行域名解析的服务器。注意，一个域名对应一个 IP 地址，一个 IP 地址可以对应多个域名；所以多个域名可以同时被解析到一个 IP 地址。

域名解析的过程，比如，一个域名为 ***.com 的网站，如果要访问网站，就要进行解析，首先在域名注册商那里通过专门的 DNS 服务器解析到一个 Web 服务器的一个固定 IP 上：211.214.1.***，然后通过 Web 服务器来接收这个域名，把 ***.com 这个域名映射到这台服务器上。输入 ***.com 这个域名即可实现访问网站内容，即实现了域名解析的全过程。若域名服务器不能回答该请求，则此域名服务器就暂成为 DNS 中的另一个客户，向上一级根域名服务器发出请求解析，上一级根域名服务器一定能找到下面的所有二级域名的域名服务器，这样以此类推，一直向下解析，直到查询到所请求的域名。

5.3 WWW服务

5.3.1 WWW服务的概念

WWW 服务（3W 服务）也是目前应用最广的一种基本互联网应用，用户每天上网都要用到这种服务。通过 WWW 服务，只要用鼠标进行本地操作，就可以了解世界上任何地方的信息。由于 WWW 服务使用的是超文本链接（HTML），所以可以很方便地从一个信息页转换到另一个信息页。它不仅能查看文字，还可以欣赏图片、音乐、动画。最流行的 WWW 服务的程序就是微软的 IE 浏览器。

5.3.2 配置Web站点

配置 Web 站点首先需要建立 Web 服务器。Web 服务器又称为 WWW 服务器，它是放置一般网站的服务器。一台 Web 服务器上可以建立多个网站，各网站的拥有者只需要把做好的网页和相关文件放置在 Web 服务器的网站中，其他用户就可以用浏览器访问网站中的网页。我们配置 Web 服务器，就是在服务器上建立网站，并设置好相关的参数，至于网站中的网页应该由网站的维护人员制作并上传到服务器中，这个工作不属于配置服务器的工作。

IIS（Internet 信息服务器）是 Internet Information Server 的缩写，是微软提供的 Internet 服务器软件，包括 Web、FTP、SMTP 等服务器组件。它只能用于 Windows 操作系统。

IIS 集成在 Windows 操作系统中，在 Windows 2000 Server 中集成的是 IIS 5.0，在 Windows Server 2003 中集成的是 IIS 6.0。现在主流的 WIN7、WIN8 系统都已经默认安装了 IIS7.0 服务。

在 IIS 中创建 Web 网站的步骤如下。

Step 01 在控制面板中，找到"管理工具"打开"IIS 管理器"，如图 5-6 所示，在目录树的"网站"上单击右键，在弹出的快捷菜单中选择"添加网站"命令，弹出"添加网站"

对话框，如图 5-7 所示。

图5-6　IIS管理器

图5-7　添加网站信息

Step 02 根据个人的实际情况输入网站名称、网站在本地存放的物理路径、绑定的空间地址 IP 或域名。信息填写完成，勾选"立即启动网站"选项，单击"确定"按钮，完成网站信息的添加。进入如图 5-8 所示的界面。

Step 03 访问网站的方法：如果在本机上访问，可以在浏览器的地址栏中输入"http://localhost/"；或选择 Web 文件，单击右键，在弹出的快捷菜单中选择"浏览"命令。如果在网络中其他计算机上访问，可以在浏览器的地址栏中输入"http:// 网站 IP 地址"。如果网站的 TCP 端口不是 80，在地址中还需加上端口号。假设 TCP 端口设置为 8080，则访问地址应写成 "http://localhost:8080/" 或 "http:// 网站 IP 地址:8080"。

图5-8　查看网站内容和浏览网页

5.4　FTP服务

5.4.1　FTP的概念

FTP（File Transfer Protocol）即文件传输协议。该协议是 Internet 文件传送的基础，它由一系列规格说明文档组成，目标是提高文件的共享性，提供非直接使用远程计算机，使存储介质对用户透明并可靠高效地传送数据。简单来讲，FTP 即是文件传输服务，提供交互式的访问，用来在远程主机与本地主机之间或两台远程主机之间传输文件。如图 5-9 所示为 FTP 服务。从远程计算机复制文件至本地主机上，称为"下载（download）"文件。若将文件从本地计算机中复制至远程主机上，则称为"上传（upload）"文件。

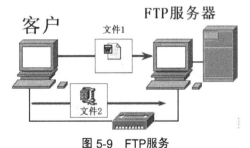

图 5-9　FTP服务

5.4.2　FTP服务工作

1．FTP 服务的工作原理

FTP 是 TCP/IP 的一种具体应用，它工作在 OSI 参考模型的第七层、TCP 模型的第四层上，即应用层，使用 TCP 传输而不是 UDP，这样 FTP 客户在和服务器建立连接前就要经过一个"三次握手"的过程，它的意义在于客户与服务器之间的连接是可靠的，而且是面向连接，为数据的传输提供了可靠的保证。采用 FTP 协议可使 Internet 用户高效地从网上的 FTP 服务器下载大信息量的数据文件，将远程主机上的文件复制到自己的计算机上，以达到资源共享和传递信息的目的。由于 FTP 的使用使得 Internet 上出现了大量为用户提供的下载服务器，Internet 成为了一个巨型的软件仓库。FTP 在文件传输中还支持断点续传功能，可以大幅度地减小 CPU 和网络带宽的开销。

FTP 服务的工作原理如图 5-10 所示。

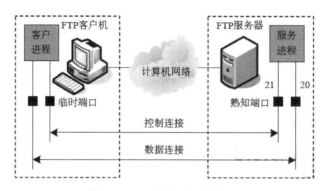

图5-10　FTP服务的工作原理

2．FTP 服务的工作过程

FTP 服务的工作过程是，FTP 客户机向 FTP 服务器发送服务请求，FTP 服务器接收与响应 FTP 客户机的请求，并向 FTP 客户机提供所需的文件传输服务。根据 TCP 协议的规定，FTP 服务器使用熟知端口号来提供服务，FTP 客户机使用临时端口号来发送请求。FTP 协议为控制连接与数据连接规定不同的熟知端口号，为控制连接规定的熟知端口号是 21，为数据连接规定的熟知端口号为 20。FTP 协议采用的是持续连接的通信方式，它所建立的控制连接的维持时间通常较长。

3．FTP 服务的文件传输方式

FTP 服务的文件传输有两种方式：ASCII 传输模式和二进制数据传输模式。

（1）ASCII 传输方式

假定用户正在复制的文件包含简单的 ASCII 码文本，如果在远程机器上运行的不是 UNIX，当文件传输时 FTP 通常会自动地调整文件的内容以便于把文件解释成另外那台计算机存储文本文件的格式，但是常常有这样的情况，用户正在传的文件包含的不是文本文件，它们可能是程序、数据库、字处理文件或者压缩文件（尽管字处理文件包含的大部分是文本，其中也包含指示页尺寸、字库等信息的非打印字符）。在复制任何非文本文件之前，用 binary 命令告诉 FTP 逐字复制，不要对这些文件进行处理，这也是下面要讲的二进制传输。

（2）二进制传输模式

在二进制传输中，保存文件的位序，以便原始的和复制的文件是逐位一一对应的，即使目的地机器上包含位序列的文件是没意义的。例如，Macintosh 以二进制方式传送可执行文件到 Windows 系统，在对方系统上，此文件不能执行。如果在 ASCII 方式下传输二进制文件，即使不需要也仍会转译。这会使传输速度稍微变慢，也会损坏数据，使文件变得不能用。在大多数计算机上，ASCII 方式一般假设每一个字符的第一有效位无意义，因为 ASCII 字符组合不使用它。如果传输二进制文件，所有的位都是重要的。

4．FTP 的工作方式

FTP 支持两种模式，一种方式叫作 Standard（即 Port 方式，主动方式），一种是 Passive（即 Pasv，被动方式）。在 Standard 模式下，FTP 的客户端发送 Port 命令到 FTP 服务器。在 Passive 模式下，FTP 的客户端发送 Pasv 命令到 FTP 服务器。

（1）在 Standard 模式下，FTP 客户端首先和 FTP 服务器的 TCP 21 端口建立连接，通过这个通道发送命令，客户端需要接收数据时在这个通道上发送 Port 命令。Port 命令包含了客户端用什么端口接收数据。在传送数据时，服务器端通过自己的 TCP 20 端口连接至客户端的指定端口发送数据。FTP Server 必须和客户端建立一个新的连接用来传送数据。

（2）Passive 模式在建立控制通道时和 Standard 模式类似，但建立连接后发送的不是 Port 命令，而是 Pasv 命令。FTP 服务器收到 Pasv 命令后，随机打开一个高端端口（端口号大于 1024），并且通知客户端在这个端口上传送数据的请求，客户端连接 FTP 服务器的此端口，然后 FTP 服务器通过这个端口进行数据的传送，这时 FTP Server 不再需要建立一个新的和客户端之间的连接。

任务5-2 在网络中设置一个FTP站点

任务解读

四海公司在处理公司事物时经常需要实现数据共享，各个办公室的人员需要共享一些数据，业务人员需要及时上传自己的工作资料，同时要查看公司其他的相关文件资料。根据需要现构建一台 FTP 服务器，为企业局域网中的计算机提供文件传送任务。要求能够对 FTP 服务器设置连接限制、日志记录、消息、验证客户端身份等属性的 FTP 站点。

学习领域

- 创建一个 FTP 服务器，提供文件下载和上传功能。
- 提供匿名登录功能，用于下载公共文件，但不能匿名上传。
- 同时也提供用户登录，用户只能限制在自己的目录下上传数据。

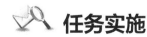 任务实施

1．绘制网络拓扑结构图

FTP 网络拓扑结构图如图 5-11 所示。

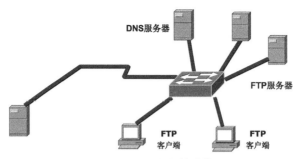

图5-11　FTP网络拓扑结构图

2．在服务器端安装 FTP 服务器软件

FTP 服务器有多个软件，如 server_u，也可直接选用 Windows 提供的组件服务，如图 5-12 所示。

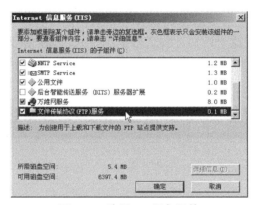

图5-12　选择FTP服务组件

Step 01 打开 "控制面板"，再单击 "添加／删除程序"，弹出 "添加／删除程序" 窗口。

Step 02 单击窗口中的 "添加／删除 Windows 组件" 图标，弹出 "Windows 组件向导" 对话框。

Step 03 勾选 "向导" 中的 "应用程序服务器" 复选框。单击 "详细信息" 按钮，弹出 "应用程序服务器" 对话框。

Step 04 选择需要的组件，选中 "文件传输协议（FTP）服务"，单击 "确定" 按钮，系统开始 FTP 的安装，这期间可能要求插入 Windows Server 2003 安装盘，系统会自动进行安装工作。

Step 05 安装完成后，弹出提示安装成功的对话框，单击 "确定" 按钮，完成 FTP 服务的安装。

3．设置 FTP 服务的主目录和目录格式列表

（1）打开 "Internet 信息服务管理器"，在目录树的 "FTP 站点" 上单击右键，在弹出的快捷菜单中选择 "新建→网站" 命令，弹出 "网站创建向导"，根据向导完成 FTP 站点的建立。

（2）站点完成后如需修改，则选择 FTP 站点名，单击窗口右键，在弹出的快捷菜单中选

择"属性"命令，在弹出的"默认 FTP 站点属性"对话框中进行修改。

（3）修改主目录，如图 5-13 所示。

●"读取"：用户可以读取主目录内的文件，例如，可以下载文件。

●"写入"：用户可以在主目录内添加、修改文件，例如，可以上传文件。

●"记录访问"：将连接到此 FTP 站点的行为记录到日志文件内。

（4）如图 5-14 所示，设置 FTP 站点标识、FTP 站点连接限制和日志记录，特别注意 IP 地址，根据 IP 地址访问 FTP 服务器。

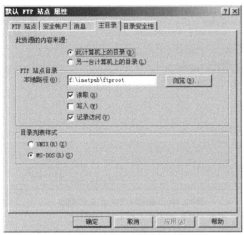

图5-13 FTP站点属性-主目录

图5-14 FTP站点属性-FTP站点

（5）如图 5-15 所示，设置可以访问 FTP 服务器的用户名和密码，登录时可以验证用户的身份。

（6）通过 IP 地址来限制 FTP 连接如图 5-16 所示，设置特殊访问需求，指定 IP 设置访问权限。

图5-15 FTP站点属性-安全账户

图5-16 FTP站点属性-目录安全性

（7）单击"确定"按钮，则 FTP 服务器设置完成，将该主机联网，网络上的主机可以通过指定 IP 访问共享目录上的数据。

（8）设置特殊可以上传数据的用户，假设该用户名为test1，则首先在FTP站点主目录"f：\ftp"下为用户创建子文件夹"f：\ftp\ localuser \test1"，而且文件夹名必须与用户名相同。

（9）新建test用户站点，如图5-17~图5-24所示，根据向导完成站点的创建。注意：在图5-19中的IP地址要与之前的IP地址相同；图5-20中站点主目录要和之前的设置完全相同；在图5-22中设置访问权限，勾选"读取"和"写入"两个权限，登录设置中用户名一定是test1，密码自定。完成后，可用IE浏览器根据IP、用户名及密码登录查看文件。

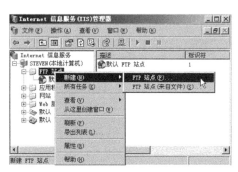

图5-17　新建FTP站点步骤1

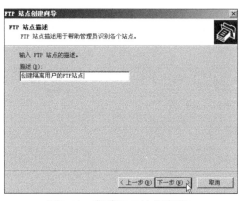

图5-18　新建FTP站点步骤2

图5-19　新建FTP站点步骤3

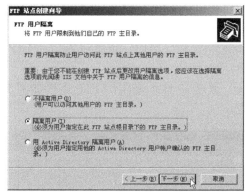

图5-20　新建FTP站点步骤4

图5-21　新建FTP站点步骤5

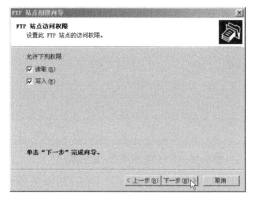

图5-22　新建FTP站点步骤6

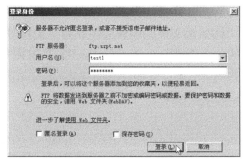

图5-23　新建FTP站点步骤7

图5-24　新建FTP站点步骤8

 思考与动手

一、选择题

1. 因特网上一个服务器或一个网络系统的名字，称为（　　），网络间正是通过它进行相互访问的。

　　A. 主机名　　　　B. 计算机系统名　　　　C. IP 地址　　　　　D. 域名

2. 指出以下统一资源定位器（URL）各部分的名称（从左到右），哪个选项是正确的？
（　　）

http://home.microsoft.com/main/index.html

　　1　　　　　2　　　　　　3　　　　4

　　A. 1主机域名，2服务标识，3目录名，4文件名

　　B. 1服务标识，2主机域名，3目录名，4文件名

　　C. 1服务标识，2目录名，3主机域名，4文件名

　　D. 1目录名，2主机域名，3服务标志，4文件名

3. 目前在 WWW 中运行最广的协议是（　　）。

　　A. HTTP　　　　　　B. FTP　　　　　　C. Telnet　　　　　　D. BBS

4. 使用 Internet 的 Telnet 功能，可以（　　）。

　　A. 提供文件传送服务　　　　　　　　B. 发送和接受电子邮件

　　C. 提供远程登录服务　　　　　　　　D. 浏览 Web 页

5. 李刚浏览 QQ 主页（http://www.qq.com），他想下载 QQ 并安装该软件。请问，QQ
站点的域名是什么？（　　）

　　A. http://www.qq.com/　　　　　　　B. www.qq.com

　　C. qq.com　　　　　　　　　　　　　D. 以上都不是

二、填空题目

1. 匿名登录 FTP，用于下载公共文件，但不能匿名_____。

2. 为了保护 WWW 服务器上 Web 站点的文件安全，在 WWW 服务器上通过建立_____来隐藏 Web 文件的真实目录。

3. _____允许授权用户进入网络中的其他机器并且就像用户在现场操作一样，一旦进入主机，用户可以操作主机允许的任何事情，比如读文件、编辑文件或删除文件等。

4. 选择虚拟主机空间，主要看虚拟主机的 4 个参数：_____、IIS 并发限制数、CPU 的使用率限制、网络流量限制。

5. FTP 服务器，提供文件_____和_____功能。

三、简述题目

1. 简述建立 FTP 站点的流程。

2. 简述域名服务的工作原理。

3. 在服务器中安装 IIS 并配置 Web 站点。

4. 以自己的电脑作为服务器建立 FTP 站点，与同学实现文件传输。

第 6 章

网络管理与安全

学习目标
- 了解网络管理的概念、网络管理常用工具。
- 了解网络安全的概念、防火墙及入侵检测系统。
- 了解信息安全的概念、网络攻击的种类。
- 掌握常用网络故障检测与排除的基本方法。
- 掌握信息的安全防护措施。

任务6-1 一个网络故障诊断的实例

任务解读

物流公司网络近日出现下列故障现象，请及时诊断并排除：订单部计算机 A1 无法登录到服务器；计算机 A1 在网上邻居中看不到自己，也无法在网络中访问其他计算机，不能使用其他计算机上的共享资源和共享打印机；计算机 A1 虽然在网上邻居中看到自己和其他成员，但无法访问其他计算机；计算机 A1 无法通过局域网访问 Internet。

学习领域

计算机网络故障是指由硬件的问题、软件的漏洞、病毒的侵入等引起的网络的故障。硬件故障一般都是由架构网络的设备，包括网卡、网线、路由、交换机、调制解调器等设备引起的网络故障。对于这种故障，一般可以通过 ping 命令和 tracert 命令等查看得出来。如果是软件故障就比较复杂，可以使用一些网络设备来帮助分析，如网络分析仪等。

任务实施

网络问题非常复杂，一般情况下很难迅速定位，需要用户耐心细致地进行诊断，认真听取网络管理员和当事人的故障描述，借助网络检测工具，使用常见的网络故障诊断方法来实现故障的定位和排除。

Step 01 在确保电源正常的情况下，查看网卡或交换机、HUB、路由器等网络设备的 LED 灯是否正常，如不正常，重新把线缆插头插好；如还不正常，替换网卡等相应网络设备试一试，看网络设备是否有故障。

Step 02 用 ipconfig 查看 IP 地址配置是否正确，如不正确，右击桌面上的"网上邻居"，选择"属性"命令；然后在所用的"本地连接"上单击右键，再选择"属性"命令，打开"本地连接 属性"窗口，双击"Internet 协议（TCP/IP）"，在"Internet 协议（TCP/IP）属性"界面，重新配置 IP 地址、子网掩码、默认网关和 DNS 服务器地址，具体如图 6-1 所示。

Step 03 如果别人强占了自己的 IP 地址，造成 IP 地址冲突，先临时更改自己的 IP 地址，使用 nbtstat -a 命令确定强占自己 IP 地址的计算机的 MAC 地址和主机名，要求其退让。

Step 04 捆绑 MAC 地址和 IP 地址，预防 IP 地址冲突。在 DOS 命令提示符下，输入 ipconfig/all 命令，查出自己 IP 地址及对应的 MAC 地址，例如，IP 地址为 10.3.113.159，

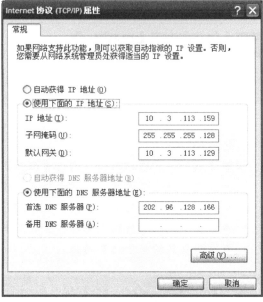

图6-1　设置IP地址

MAC 地址 E8-40-F2-75-5C-06；输入命令 ARP-S 192.168.20.18 E8-40-F2-75-5C-06，这样即可将 IP 地址和 MAC 地址捆绑在一起，捆绑 MAC 地址和 IP 地址如图 6-2 所示。

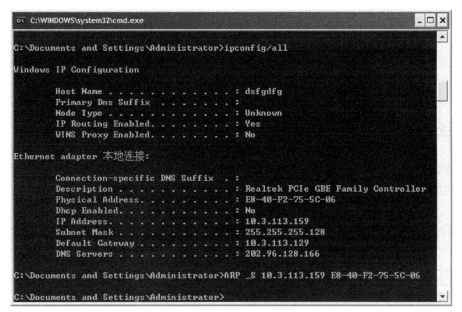

图6-2　捆绑MAC地址和IP地址

Step 05 选择 "ping 本机 IP 地址" 或 "ping 127.0.0.1" 命令，如果能 ping 通，说明计算机的网卡和网络协议设置都没问题，问题可能出在计算机与网络的连接上，应检查网线及其与网络设备的接口状态。

如果出现错误提示信息，如 Destination Host Unreachable，则表明目标主机不可达，需检查网卡是否安装正确。如果网卡安装正确，检查 TCP/IP 和 NetBEUI 通信协议是否安装正确，否则需要卸载后重新安装，并把 TCP/IP 参数配置好；检查网线是否连接正常，用测线仪测试是否连通。如果没有异常情况，说明网卡和 TCP/IP 协议安装没有问题，没有连通性故障。

Step 06 通过 "ping 网关地址" 命令查看返回信息是否正常，如不正常，则从网卡和网线方面寻找原因；检查计算机到网关段网络的连接状态，如能连通，则说明计算机到网关这一段网络没问题，但不能确定网关是否有问题。

Step 07 通过 "ping 外网 IP 地址" 命令查看返回信息是否正常，如不正常，则检查网关设置。

Step 08 使用 "nslookup" 命令检查 DNS 是否工作正常，如果出现不能正常解析域名的情况，则需要检查 DNS 是否设置正常。

Step 09 检查防火墙策略是否有限制。

Step 10 在 "控制面板" 的 "网络" 属性中，单击 "文件及打印共享" 按钮，在弹出的 "文件及打印共享" 对话框中，选中 "允许其他用户访问我的文件" 和 "允许其他计算机使用我的打印机" 复选框，否则将无法使用共享文件夹。

Step 11 对于服务器故障，如出现某项服务被停止、BIOS 版本太低、管理软件或驱动程序有 Bug、应用程序有冲突、人为造成的软件故障、开机无显示、上电自检阶段故障、安装阶段故障、操作系统加载失败、系统运行阶段故障等问题，则请服务器系统管理员协助，启用服务，使用安全模式恢复系统，采取故障恢复控制台等措施，一起排除故障。

6.1 网络管理

6.1.1 网络管理的概念

网络管理的英文名称为 Network Management。网络管理是指监督、控制网络资源的使用和网络的各种活动，使网络性能达到最优的过程，即对计算机网络的配置、运行状态和计费等所从事的全部操作和维护性活动。网络管理的目的在于提供对计算机网络进行规划、设计、操作运行、监管、分析、控制评估和扩展的手段，从而合理地组织和利用系统资源，提供安全、可靠、有效和优质的服务。一台设备所支持的管理程度反映了该设备的可管理性及可操作性。

6.1.2 网络管理常用工具

1．IP/MAC 地址工具

众所周知，每一块网卡在出厂时都烧录了世界上唯一的 MAC 地址，使用该地址可以在网络中识别不同的计算机。同时，互联网中也使用 IP 地址来定位客户端，这是因为口地址

比 MAC 地址定位更方便，而且也更加便于记忆。

（1）IP 地址工具

IP 地址是计算机在网络中相互通信的重要标志，和主机名一样，在局域网中具有唯一性。在规模较大的网络环境中，客户端较多，准确记住每一台计算机的 IP 地址显然是不太可能的，尤其是在存在 DHCP 服务器的网络中，客户端每次被分配到的 IP 地址可能都不相同，就更加没有规律可循。下面介绍一些快速查看 IP 地址的实用工具。

ipconfig 是 Windows 系统自带的 TCP/IP 应用程序，主要用来显示本地计算机当前的 TCP/IP 网络配置、刷新动态主机配置协议（DHCP）和域名系统（DNS）等信息。如果在网络中使用了 DHCP 服务，ipconfig 还可以检测计算机是否正确分配到了口地址。根据需要，用户可以使用它将现有的 IP 地址释放，并重新获取新的 IP 地址。

IPMaster 是进行 IP 地址管理的工具软件，它提供可视化的 IP 地址分配、自动子网计算、掩码计算、子网划分、网段扫描、主机监控、Ping、TraceRoute、Telnet 和 netsend 等功能，可以提高网管人员的工作效率和减少其失误。本软件的目的是为了有序和高效地实现大、中、小型企业网 IP 地址的分配和管理。图 6-3 所示为 IPMaster 的工作界面。

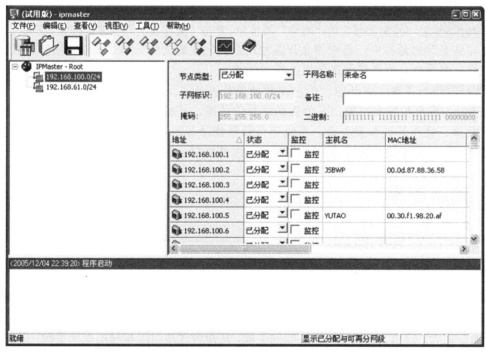

图6-3 IPMaster的工作界面

LanSee 是一款完全免费的绿色软件，无须安装即可运行。LanSee 最大的特点是可以根据局域网内的工作组对计算机进行分组显示 IP 地址、MAC 地址，选定搜索结果中指定的计算机或者输入指定计算机的主机名或 IP 地址，还可以查看其共享资源。另外还可以给指定的计算机发送即时消息，搜索局域网内的各种类型的服务器，如 FTP 服务器、WWW 服务器。

IP 地址扫描器是一款非常小巧的 IP 扫描软件，使用简单，当然功能也非常单一。IP 地址扫描器内置高效的网络 IP 扫描引擎，可以在最短的时间内扫描远端主机 IP 的运作状况，并且快速地将结果整理完回报给用户，让用户可以完全掌握对方主机的运作状况。它对于网管人员来说实在是个不可多得的好帮手。

IP 地址是组建网络过程中不可忽视的重要因素。原因很简单，同一网段内的可用 IP 地址是有限的，如果拥有的计算机数量超出了这个范围，则可能造成无法正常通信。因此在为客户端指定 IP 地址前，必须经过周密的测算。下面简单介绍几个相关的计算工具。

IP 地址有二进制和点分十进制两种表现形式，每个 IP 地址的长度为 32 位，由 4 个 8 位域组成，称为 8 位体。8 位体由句点（英文）分开，表示一个 0~255 之间的十进制数。IP 地址的 32 位分别分配给了网络号和主机号。IP 地址根据头几位划分为 5 类，即 A 类、B 类、C 类、D 类和 E 类。

网络管理员不仅要为网络分配 IP 地址，而且还应该清楚所使用的网络地址段 IP 地址分配是否合理、IP 地址的使用情况等。IPSubnetter 是一款免费软件，可以计算出同一网段的 IP 地址和子网掩码，可运行于所有 Windows 9.x 以上的操作系统。IPSubnetter 的界面如图 6-4 所示。

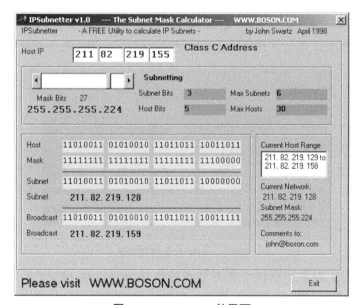

图6-4　IPSubnetter的界面

（2）MAC 地址工具

MAC 地址是计算机网卡独一无二的标识信息，在管理网络时，如 MAC 地址绑定、主机过滤等都需要使用 MAC 地址才能完成，但如何才能准确而快速地获得批量计算机的 MAC 地址呢？这可以使用 MAC 扫描器来实现。MAC 扫描器是一款专门用来获取网卡物理地址的网络管理软件，不仅可以获取局域网计算机的 MAC 地址，还可以获取 Internet 中网卡的 MAC 地址。MAC 扫描器通常被用来管理本地网络中的计算机，在局域网内的任意一台主机上运行该软件，即可监控整个网络的运行情况。MAC 扫描器的工作界面如图 6-5 所示。

图6-5 MAC扫描器的工作界面

ARP（地址转换协议）是 TCP/IP 协议簇中的一个重要协议，通常用来确定对应 IP 地址的网卡物理地址（即 MAC 地址）、查看本地计算机或另一台计算机的 ARP 高速缓存中的当前内容，并可以用来将 IP 地址和网卡 MAC 地址进行绑定。ARP 命令使用界面如图 6-6 所示。

图6-6 ARP命令使用界面

Getmac 命令用于查看计算机中所有网卡的媒体访问控制（MAC）地址及每个地址的网络协议列表，既可以应用于本地计算机，也可以通过网络获取远程主机与用户计算机的 MAC 地址等相关信息。

2．IP 链路测试工具

IP 链路的链接畅通是计算机正常接入网络的基础。例如，交换机、路由器等网络设备的链接与配置不正确，网卡和网络协议配置错误，计算机的 IP 地址信息设置不正确等都会导致 IP 链路的连接问题。因此，需要使用一些测试软件来判断网络逻辑链路是否畅通。

（1）IP 网络连通性测试——Ping

Ping 内置于 Windows 系统的 TCP/IP 协议中，无须安装，使用简单但功能强大。Ping

命令使用 ICMP 协议来简单地发送一个数据包并请求应答，接收请求的目的主机再次使用 ICMP 发回同所接收的数据一样的数据，于是 Ping 便可对每个包的发送和接收报告往返时间，并报告无响应包的百分比，这在确定网络是否正确连接，以及确定网络连接的状况（包丢失率）时十分有用。（具体使用方法见常用网络诊断命令）

（2）路径信息提示——Pathping

Pathping 工具提供有关在源和目标之间的中间跃点处网络滞后和网络丢失的信息。Pathping 在一段时间内将多个回响请求消息发送到源和目标之间的各个路由器，然后根据各个路由器返回的数据包计算结果。因为 Pathping 可以表示在任何特定路由器或链接处的数据包的丢失程度，所以用户可据此确定可能存在网络问题的路由器或子网。Pathping 通过识别路径上的路由器来执行与 Tracert 命令相同的功能。然后，该命令在一段指定的时间内定期将 Ping 命令发送到所有的路由器，并根据每个路由器的返回数值生成统计结果。

（3）测试路由路径——Tracert

Tracert 命令也是 Windows 操作系统自带的命令，它通过递增"生存时间（TTL）"字段的值，将 Internet 控制消息协议（ICMP）回应数据包或 ICMPv6 消息发送给目标，可以确定到达目标主机的路径。路径将以列表形式显示，其中包含源主机与目标主机之间的路径中路由器的近侧接口。近侧接口是距离路径中的发送主机最近的路由器的接口。（具体使用方法见常用网络诊断命令）

（4）超级 IP 工具——IP-Tools

IP-Tools 自身集成了许多 TCP/IP 实用工具，如本地信息、连接信息、端口扫描、Ping、Trace、Whois、Finger、Nslookup、Telnet 客户端、NetBIOS 信息、IP 监视器等，通过这些工具可使管理员对自己管理的网络了如指掌。不过，在使用 IP-Tools 之前，必须保证系统中已安装了 Microsoft TCP/IP 协议。

（5）网络信息工具——WS_Ping ProPack

WS_Ping ProPack 可以给用户提供所有基本的网络信息工具。WS_Ping ProPack 主要有如下功能：

- 检测网络系统中的指定设备的连接。
- 使用大量的测试数据检验用户的计算机和远端系统的连接。
- 跟踪到一个网络主机或者设备的连接。
- 得到一个主机的信息。
- 检索用户的网络，列出网络中的设备和服务。
- 浏览网络主机或者设备的概要信息，包括主机名、IP 地址和联系信息等。
- 浏览 SNMP 数据和 Windows 网络域、主机、工作站等的信息。
- 通过 LDAP 搜索信息。

（6）网络故障诊断工具——Netdiag

Netdiag 是 Windows Support Tools 2003 家族的一个成员，是一个基于命令行的网络故障原因诊断工具，可以用来测试、验证网络连接。它通过执行一系列测试来判定网络客户端的状态和功能。可以显示系统的 TCP/IP 配置信息、网络适配器类型、绑定的网络协议、网络DNS 服务器，甚至可以监测系统中已经安装的 SP、HOTFIX 信息，还可以通过 Netdiag 提供的测试结果和网络状态信息，在基于 Windows 2000 的工作站或服务器的计算机上发现网络隔离状态和连接问题。

3．网络查看和搜索工具

借助搜索工具，管理员可以根据需要查找网络中的工作组、客户端、服务器和共享资源，掌握网络中可用的网络资源，实现有效的管理。普通客户端借助网络搜索工具则可以搜索到网络中所有可用的共享资源。

（1）超级网管——SuperLANadmin

SuperLANadmin 的中文名称为超级网管，是一款极富个性的网络工具，简单易用但功能强大，还是一款绿色软件。具有界面友好、操作方式简单直观、功能强大等特点，可运行于所有 Windows 9.x 以上的操作系统。

SuperLANadmin 具有强大的扫描能力，能扫描到网络上的计算机、工作组甚至整个局域网中计算机的各种非常有用的信息，包括计算机名、工作组名、IP 地址、MAC 地址和共享文件夹等。还可以实现远程关机、远程重启、发送消息、搜索共享、网络流量检测、数据包的检测、端口扫描、活动端口查看和端口进程查看等功能。

（2）超级网管大师——SuperNetMaster

超级网管大师是一款专业的网络管理、网络监控软件，只需在局域网内的一台普通计算机上运行即可，不需要安装客户端。该软件采用多线程设计，扫描速度快、操作简单、功能强大，是广大网络管理员的得力工具，适用于企业、学校、工厂、社区、网吧等网络管理。需要注意的是，安装前需先安装 WINPCAP 3.0。 超级网管大师工作界面如图 6-7 所示。

（3）局域网搜索工具——LAN Explorer

LAN Explorer 可方便快捷地搜索、浏览局域网资源；可多线程搜索局域网上所有的工作组、主机、打印机和共享文件；可按照网上邻居、工作组或者按照 IP 地址段自动搜索所有共享的 MP3、电影或自定义搜索的文件；LAN Explorer 还内置了 nbtstat，能快速查找某一IP 网段内的所有主机，并根据 IP 地址得到对方主机的主机名、工作组名、用户名和 MAC地址，速度极快。LAN Explorer 能将扫描和搜索的结果保存成文本文件或 Excel 电子表格文件。LAN Explorer 能对某一地址范围的主机进行 Ping、端口扫描操作，找出所有的 Web 服务器、FTP 服务器等；能向某一主机发送消息。LAN Explorer 在局域网机器间复制文件时，提供文件和目录的断点续传的功能。它采用类似资源管理器的界面，操作十分方便。LAN Explorer是绿色软件，开放源代码，其主界面如图 6-8 所示。

图6-7 超级网管大师工作界面

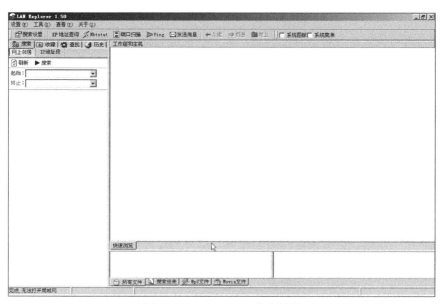

图6-8 LAN Explorer的主界面

（4）超级网络邻居——IPBOOK

IPBOOK 具有如下功能：搜索自己的 IP 地址和计算机名等；搜索所在网段所有机器的计算机名、工作组、MAC 地址和共享资源；并且可以打开共享资源，类似于 Windows 的网络邻居。搜索 Internet 上任意 IP 地址的计算机名、工作组和共享资源；并且可以进行 ping、nbtstat 等操作。可以自动将查出的主要信息存储起来，以便下次查看；并且可以将之输出到文本文件中，以便于编辑。给局域网或者 Internet 上指定的计算机发送消息；对指定的 IP 地址检测端口是否开放，进行 ping、nbtstat、域名与 IP 地址互换等；检查 HTTP、FTP 服务及隐藏共享；进行在线升级，等等。 IPBOOK 的主界面如图 6-9 所示。

图6-9 IPBOOK的主界面

4．网络诊断分析工具

网络每天都可能发生各种各样的问题，如网络性能降低、数据传输不稳定等问题。甚至出现网络故障，严重影响网络的正常使用。因此，网络管理员应该掌握各种网络诊断分析工具，当网络运行不畅时，可以利用这些工具及时解决故障。

（1）超级网络嗅探器——Sniffer-Pro

Sniffer 主要用来分析网络的流量，在众多流量中分析所关心的内容。 Sniffer 的功能主要包括如下内容：

- 捕获网络流量进行详细分析。
- 利用专家分析系统诊断问题。
- 实时监控网络活动情况。
- 监控单个工作站、会话或者网络中任何一部分的详细的网络利用情况和错误统计。
- 支持主要的 LAN、WAN 和网络技术。
- 提供在位和字节水平上过滤数据包的能力。

Sniffer 的安装位置的选择，是使 Sniffer 发挥其作用的关键。通常情况下，Sniffer 应该安装在内部网络与外部网络通信的中间位置，如代理服务器。也可以安装在局域网内的任意一台计算机上，但此时只能对局域网内部的通信进行分析。

Sniffer 的主界面如图 6-10 所示。

（2）流量统计分析利器——CommView

CommView 对于局域网络管理员、安全专家、网络程序员或者其他需要一个全面的 PC 或局域网络交流图的人士来说是一个极有用的工具。它收集在局域网络中转送的数据讯息，并对要分析的数据进行译码。它能使用户看到网络连接的列表（包括拨接连接器），监察重要的 IP 分配表，检查个别的封包，并产生及发送一个新的封包。对底层的 IP 协议如 TCP、

UDP 和 ICMP 的 IP 封包进行译码并进行全面分析。同样提供对原始数据进行全面存取。截取的封包可以记录到记录档案中以便日后进行分析。过滤器可以过滤用户不需要的封包或者只对用户感兴趣的封包进行截取，通过这样准则配置就可随意地进行存取。

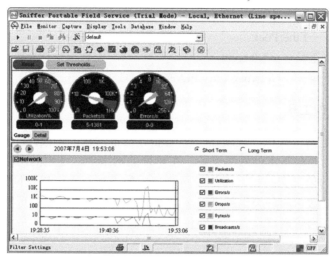

图6-10　Sniffer的主界面

CommView 是一款著名的 IP 数据包窃听软件。IP 数据包窃听是一把名副其实的双刃剑，既是网络系统管理员必不可缺的工具，又是一种穷凶极恶的黑客武器。在系统管理员和黑客的工具箱中都能找到 IP 数据包窃听软件，黑客用它来偷取网上的登录信息，系统管理员用它来侦测损坏的数据包和其他网络问题。CommView 捕获数据的界面如图 6-11 所示。

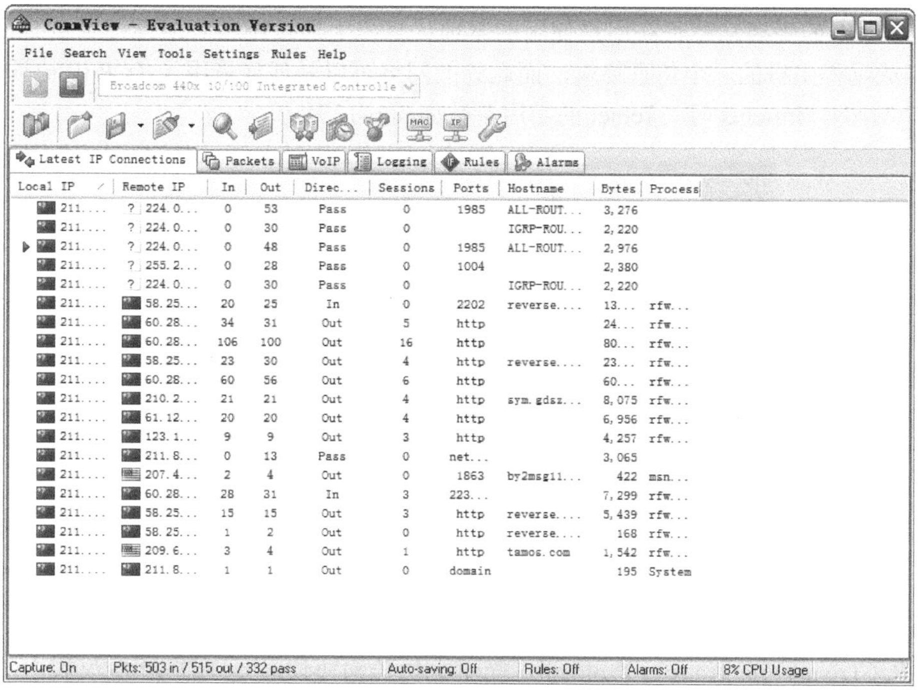

图6-11　CommView捕获数据的界面

（3）简易网络诊断分析工具

简易网络诊断分析工具虽然没有超级网络诊断工具那样丰富的功能，但是其却可以通过对网络数据包的捕捉、诊断和分析，及时发现网络中潜在的问题，判断网络故障发生的原因。常见的简易网络分析工具如下：

- 网络窥视者——EthcrPeek。
- 网络协议检测工具——Ethereal。
- 网络数据分析仪——NetworkActiv PIAFCTM。

5. 网络设备管理工具

网络设备主要是指交换机、集线器、防火墙等设备，它们是网络不可或缺的组成部分，其中交换机和集线器是最基本的网络设备。在早期的网络中，使用的网络设备多为不可网管设备，如通常所说的傻瓜交换机。而随着网络规模的不断扩大，以及网络应用的不断发展，所使用的网络设备的数量和种类也越来越多，为了满足网络的要求，可网管网络设备开始在网络中使用。使用可网管网络设备，能够使网络功能发挥到最大，并最大程度地保证网络的安全。

（1）远程设备登录——Telnet

Telnet 是集成在 Microsoft TCP/IP 协议中的一项网络服务，用户无须安装，只要安装了 TCP/IP 协议即可直接运行。利用 Telnet 协议为虚拟终端提供一个标准的端口，用户不必了解终端设备的详细信息即可建立连接，另外，Telnet 还为用户和终端设备提供一个协商选项的机制和一组标准选项。

Telnet 命令的主要功能是在用户使用的本地计算机上通过网络登录远程主机时，把本地计算机当成远程主机的一个仿真终端，而此处的网络可以是任何采用了 TCP/IP 协议的网络，如 LAN、WAN、Internet 等。Telnet 的常用参数如图 6-12 所示。

图6-12 Telnet的常用参数

（2）TFTP 服务器——TFTP Server

TFTP（Trivial File Transfer Protocol，简单文件传输协议）是 TCP/IP 协议族中的一个用来在客户机与服务器之间进行简单文件传输的协议，提供不复杂、开销不大的文件传输服务。端口号为 69。TFTP 操作非常简单，功能也很有限，因此它不具备通常的 FTP 的许多功能，只能从文件服务器上获得或写入文件，不能列出目录，不进行认证，传输 8 位数据。传输中有三种模式：① netascii，这是 8 位的 ASCII 码形式；② octet，这是 8 位源数据类型；③ mail 已经不再支持，它将返回的数据直接返回给用户而不是保存为文件。

任何传输都始于一个读取或写入文件的请求，这个请求也是连接请求。如果服务器批准此请求，则服务器打开连接，数据以定长 512 字节传输。每个数据包包括一块数据，服务器发出下一个数据包以前必须得到客户对上一个数据包的确认。如果一个数据包的大小小于512 字节，则表示传输结束。如果数据包在传输过程中丢失，发出方会在超时后重新传输最后一个未被确认的数据包。通信的双方都是数据的发出者与接收者，一方传输数据接收应答，另一方发出应答接收数据。大部分的错误会导致连接中断，错误是由一个错误的数据包引起的。这个包不会被确认，也不会被重新发送，因此另一方无法接收到。如果错误包丢失，则使用超时机制。错误主要是由如下原因引起的：不能满足请求；收到的数据包内容错误，而这种错误不能由延时或重发解释；对需要资源的访问丢失（如硬盘满）。TFTP 只在一种情况下不中断连接，这种情况是源端口不正确，在这种情况下，指示错误的包会被发送到源机。这个协议限制很多，这些都是为了实现起来比较方便而进行的。

（1）TFTP 协议的优势。尽管与 FTP 相比 TFTP 的功能要弱得多，但是 TFTP 具有两个优点：

① TFTP 能够用于那些有 UDP 而无 TCP 的环境；

② TFTP 代码所占的内存要比 FTP 小。

尽管这两个优点对于普通计算机来说并不重要，但是对于那些不具备磁盘来存储系统软件的自举硬件设备来说 TFTP 特别有用。

（2）TFTP 协议与 FTP 协议的相同点。TFTP 协议的作用和 FTP 大致相同，都是用于文件传输，可以实现网络中两台计算机之间的文件上传与下载。可以将 TFTP 协议看作 FTP 协议的简化版本。

（3）TFTP 协议与 FTP 协议的不同点。

① TFTP 协议不需要验证客户端的权限，FTP 需要进行客户端验证；

② TFTP 协议一般多用于局域网及远程 UNIX 计算机，而常见的 FTP 协议则多用于互联网；

③ FTP 客户与服务器间的通信使用 TCP，而 TFTP 客户与服务器间的通信使用的是 UDP；

④ TFTP 只支持文件传输。也就是说，TFTP 不支持交互，而且没有一个庞大的命令集。最为重要的是，TFTP 不允许用户列出目录内容或者通过与服务器协商来决定哪些是可得到的文件。

6. 网络性能和带宽测试

网络性能的好坏是决定网络服务质量的重要标准。当网络性能下降时，网络服务质量也会随之下降，为了保证服务质量必须保证网络性能符合要求。因此，在网络日常维护和管理过程中，需要关注网络性能的变化，这些变化可以通过使用网络性能和带宽测试工具来检测完成。

网络性能的好坏是决定网络服务质量的重要标准。因此，测试网络性能就显得尤为重要，不仅在网络建设完成后需要测试网络性能，在日常管理中，也应时常进行网络性能的测试，以便及时排除网络故障。

（1）吞吐量测试工具——Qcheck

Qcheck 是 NetIQ 公司开发的一款免费网络测试软件，被 NetIQ 称为"Ping 命令的扩展版本"，主要功能是向 TCP、UDP、IPX、SPX 网络发送数据流来测试网络的吞吐率、回应时间等，从而测试网络的响应时间和数据传输率。Qcheck 的主界面如图 6-13 所示。

要测试从本地计算机到目标计算机之间的网络带宽，可以使用"TCP Throughput（TCP 传输率）"测试，这项测试可以测量出两个节点间使用 TCP 协议时，每秒钟成功送出的数据量，以此来测试出网络的带宽。

使用 Qcheck 的 UDP 串流传输率（UDP Streaming Throughput）测试，可以测试多媒体流通需要的带宽的大小，以方便将网络硬件速度和网络所能达到的真正数据传输率进行比较。

图6-13　Qcheck的主界面

（2）网络带宽测试工具

Ping Plotter 是一款多线性的跟踪路由程序，能最快地揭示当前网络出现的瓶颈与问题。它相当于 Windows 中的 Tracert 命令，但具有信息同时反馈的速度优势，而且界面中结合了数据与图形两种表达方式，与其他检测分析工具相比，检测分析结果更为直观和易于理解。如图 6-14 所示为 Ping Plotter 在测试带宽。

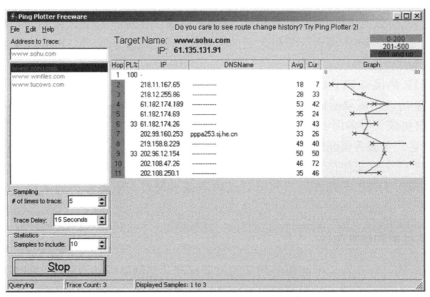

图6-14　Ping Plotter在测试带宽

IxChariot 是 NetIQ 公司推出的一款网络测试软件，可以针对各种网络环境、各种操作系统进行测试，通过模仿各种应用程序所发出的网络数据交换，IxChariot 可以帮助网络设计或者网络管理人员对各种网络进行评估。通过 IxChariot 附带的各种测试脚本，用户可以测试网络的数据流量、响应时间及数据吞吐量，也可以根据网络中所采用的应用程序的需要，选择相应的测试脚本。IxChariot 的测试脚本可以分为 Internet Scripts、Benchmark Scripts、Business Scripts 和 Streaming Scripts 等几大类，而在每一类测试中又针对不同的应用而设置了相应的脚本。

IxChariot 测试软件由三大部分组成：IxChariot 控制台、测试脚本和 EndPoint。IxChariot 控制台可以选择所需要的测试脚本，并制订具体的测试范围；EndPoint 可以根据测试的需要模拟出用户的网络数据操作，而且它需要安装在每个参与测试的网络客户端。

7. 流量监控与分析工具

（1）网络流量监控工具

Essential NetTools 是一款功能完备的网络即时监控软件，它可以监测网络中计算机的各种信息，如扫描局域网中有哪些计算机正在运行、即时监测计算机的网络连接状况、扫描出计算机的 MAC 地址、开放了哪些端口等，如果有黑客入侵或有木马程序对外连接，通过该软件即可及时发现。

实时检测工具——网络执行官，是一款局域网管理辅助软件，采用网络底层协议，能穿透各客户端防火墙对网络中的每一台主机（本文中主机指各种计算机、交换机等配有 IP 的网络设备）进行监控；采用网卡号（MAC）识别用户，可靠性高；软件本身占用网络资源少，对网络没有不良影响。软件无须运行于指定的服务器，在网内任一台主机上运行即可有效监控所有本机连接到的网络（支持多网段监控）。

（2）网络流量分析工具——MRTG

MRTG（Multi Router Traffic Grapher）是一套可用来绘制网络流量图的软件，由瑞士奥尔滕的 Tobias Oetiker 与 Dave Rand 所开发，此软件以 GPL 授权。它是一个监控网络链路流量负载的工具软件，通过 SNMP 协议得到设备的流量信息，并将流量负载以包含 PNG 格式的图形的 HTML 文档方式显示给用户，以非常直观的形式显示流量负载。

MRTG 特色如下：

- 源码开放：MRTG 是用 Perl 编写的，源代码完全开放。
- 高可移植性的 SNMP 支持：MRTG 采用了 Simon Leinen 编写的具有高可移植性的 SNMP 实现模块，从而不依赖于操作系统的 SNMP 模块支持。
- 支持 SNMPv2c：MRTG 可以读取 SNMPv2c 的 64 位计数器，从而大大减少了计数器回转次数。
- 可靠的接口标识：被监控设备的接口可以以 IP 地址、设备描述、SNMP 对接口的编号及 MAC 地址来标识。
- 常量大小的日志文件：MRTG 的日志不会变大，因为这里使用了独特的数据合并算法。
- 自动配置功能：MRTG 自身有配置工具套件，使得配置过程非常简单。
- 性能：时间敏感的部分使用 C 代码编写，因此具有很好的性能。PNG 格式图形采用 GD 库直接产生 PNG 格式。
- 可定制性：MRTG 产生的 Web 页面是完全可以定制的。

8．服务器监控工具

网络服务器是网络中的重中之重，服务器的运行状况直接关系着网络中各种服务的命运，但网络管理员又不能每时每刻都守在服务器旁边监视服务器的运行。借助网络服务监控工具，可以有效地监视各种服务的运行状况。只要客户机连接到网络中，监视服务器上各种服务的运行状况，如 HTTP、FTP、TELNET、SMTP、POP3、NNTP 等，如果这些服务有什么问题，管理员就可立即了解到，并采取相应的措施，再也不必时时刻刻守着服务器旁边。

（1）网络服务监控工具

sMonitor 可以安装在网络中的服务器或任意一台客户机上，但要求这台计算机能够连接到要监控的服务器主机。sMonitor 最大的特点就是可以监控远程服务器上的各种服务，只要将要监控的服务器的 IP 地址及要监控的各种服务添加到 sMonitor 中，它就会自动监控服务器中各种服务的运行，使网络管理员及时了解服务器的运行状况。

NetWatch 是专为 Windows NT/2000/2003、Novell NetWare、UNIX 等主机所设计的监控软件，可以监视服务器中各种服务的运行状况，记录重要的资料、当错误发生时发出警告。NetWatch 无须其他特别的辅助软件即可远端监控、记录服务器，当主机发出错误警告时，可通过 E-mail 或呼叫器发出警告信息等及时通知管理员。NetWatch 使用 Web 管理方式，全部的管理功能都可以在 Web 页中实现。

Servers Alive 是一个使用非常简单，但功能却很强大的服务器监控软件，使用它可以监控远程服务器上各种服务的运行状态，以及服务器硬盘的使用情况等信息，而一旦服务器出现问题还可以使用多种方式报警，如发出声音、发送 E-mail 等，以及时提醒管理员采取相应措施，并可使管理员及时了解服务器的运行状况。

（2）服务器信息查看工具

Systeminfo 显示关于计算机及其操作系统的详细配置信息，包括操作系统配置、安全信息、产品 ID 和硬件属性，如 RAM、磁盘空间和网卡。

SrvInfo（Remote Server Information）是 Windows 资源工具包中提供的一个用于查看服务器信息的命令行工具，如服务器磁盘空间剩余情况、分区类型、运行时间、运行状态等，不仅可以查看本地服务器，而且可以通过网络获得远端服务器的相关信息，SrvInfo 是一个很不错的服务器管理小工具，可显示各种操作系统的信息，包括 Windows NT 4.0、Windows 2000、Windows XP Professional 或 Windows Server 2003 操作系统。

Srvcheck 只能查看共享资源的共享权限，并不能显示其 NTFS 权限，因此相对于 perms 和 showacls 而言也有一定缺陷。共享权限是设置共享资源时限定所有用户对该资源具有的操作权限，也是实现安全访问最常用的方式。

ipconfig 显示当前所有的 TCP/IP 网络配置值、刷新动态主机配置协议（DHCP）和域名系统（DNS）设置。使用不带参数的 ipconfig 可以显示所有适配器的 IPv6 地址或 IPv4 地址、子网掩码和默认网关。

9．网络安全测试工具

（1）网络安全扫描工具

TCP 端口和 UDP 端口，就像计算机的多个不同的门，通过任何一个门均可到达系统。因此，无论攻击方法多么高明，均必须使用 TCP 端口或 UDP 端口。因此，将系统中的危险端口，或者非必要的端口关闭，可以在一定程度上保证计算机的安全。网络安全扫描的主要工具如下：

- TCP 和 UDP 连接测试——netstat。
- NetBIOS 名称解析工具——nbtstat。
- 网络主机扫描——HostScan。
- 网络扫描工具——Softperfect network scanner。
- 漏洞检测——X-Scan。
- 安全检测软件——MBSA。

（2）系统安全设置工具

- 访问控制列表工具——Showacls。
- 安全信息获取和导出工具——Subinacl。
- 安全配置工具——Secedit。

10．专业备份/恢复软件

共享是网络的最大优点，通过网络可以解决很多问题，如客户端和服务器的软件故障。如果对系统进行修复操作，则需要借助网络资源才能够访问网络共享资源，而这一切，都可以使用网络维护和恢复工具完成。

（1）net 命令

net 命令是 Windows 系统自带的命令行工具，是管理网络服务的常用工具之一，可以用于完成大多数情况下的查看和配置工作，使用不同功能的子命令可以管理不同类型的网络服务。

net 命令是功能强大的以命令行方式执行的工具。它包含了管理网络环境、服务、用户、登录等 Windows 98/NT/2000 中大部分重要的管理功能。使用它可以轻松地管理本地或者远程计算机的网络环境，以及各种服务程序的运行和配置；或者进行用户管理和登录管理等。

（2）系统恢复工具

网络服务器可提供网络服务，如 Web、DNS、DHCP 等，但不能保证服务器永远不发生故障，为了在重装系统或系统发生故障时能够迅速恢复系统设置和网络服务，减少无谓的停机时间，需要在安装服务后立即备份相关数据，以及在日常使用中对相关数据进行备份。常用的命令如下：

- 制订计划——at。
- 组策略还原工具——gpofix。
- 活动目录向导——dcpromo。

- 查看组策略——gpresult。
- 刷新组策略——gpudate。
- 备份系统状态——ntbackup。
- 数据恢复——recover。
- 注册表备份工具——reback。
- 超级 DOS——Max Dox。

（3）使用 Ghost 快速恢复客户端系统

Ghost（幽灵）软件是美国赛门铁克公司推出的一款出色的硬盘备份还原工具，可以实现 FAT16、FAT32、NTFS、OS2 等多种硬盘分区格式的分区及硬盘的备份还原，又称为克隆软件。

既然称之为克隆软件，说明其 Ghost 的备份还原是以硬盘的扇区为单位进行的，也就是说可以将一个硬盘上的物理信息完整复制，而不仅仅是数据的简单复制；Ghost 能克隆系统中所有的内容，包括声音、动画、图像，甚至磁盘碎片。Ghost 支持将分区或硬盘直接备份到一个扩展名为 .gho 的文件中（赛门铁克把这种文件称为镜像文件），也支持直接备份到另一个分区或硬盘。

6.2 常用网络诊断命令

6.2.1 网络连通测试命令Ping

1．命令概述

Ping 命令在检查网络故障中使用广泛。它是用来检查网络是否通畅或者网络连接速度的命令。作为网络管理员来说，Ping 命令是第一个必须掌握的 DOS 命令，它的原理如下：网络上的机器都有唯一确定的 IP 地址，给目标 IP 地址发送一个数据包，对方就要返回一个同样大小的数据包，根据返回的数据包可以确定目标主机的存在，可以初步判断目标主机的操作系统等。远程用户经常会反映其主机有故障，如不能对一个或几个远程系统进行登录、发电子邮件或不能做实时业务等。这时 Ping 命令就是一个很有用的工具。该命令的包长小，网上传递速度非常快，可快速地检测用户要去的站点是否可达。如图 6-15 所示为 Ping 命令的相关参数。

2．Ping 命令的格式

命令格式如下：

```
Ping [-t] [-a] [-n count] [-1 size] [-f] [-i ttl] [-v tos] [-r count][-s count]
[[-j host-list] | [-k host-list]] [-w timeout] destination-list
```

参数的意义如下。

- -t：Ping 指定的计算机直到按 Ctrl+C 组合键中断。

- -a：将地址解析为计算机名。
- -n count：发送 count 指定的 ECHO 数据包数。默认值为 4。
- -l size：发送包含由 size 指定的数据量的 ECHO 数据包。默认为 32 字节；最大值为 65527。
- -f：在数据包中发送"不要分段"标志，数据包就不会被路由上的网关分段。
- -i ttl：将"生存时间"字段设置为 TTL 指定的值。
- -v tos：将"服务类型"字段设置为 TOS 指定的值。

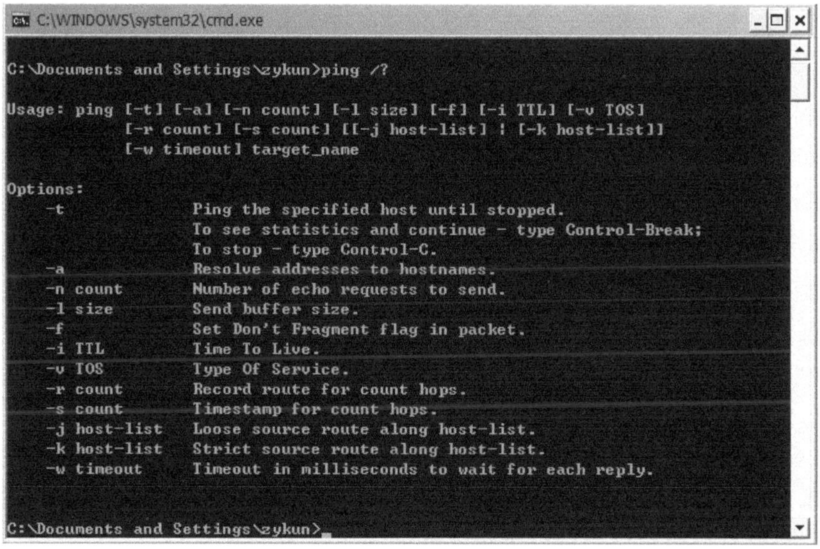

```
C:\WINDOWS\system32\cmd.exe                              _ □ ×

C:\Documents and Settings\zykun>ping /?

Usage: ping [-t] [-a] [-n count] [-l size] [-f] [-i TTL] [-v TOS]
            [-r count] [-s count] [[-j host-list] | [-k host-list]]
            [-w timeout] target_name

Options:
    -t             Ping the specified host until stopped.
                   To see statistics and continue - type Control-Break;
                   To stop - type Control-C.
    -a             Resolve addresses to hostnames.
    -n count       Number of echo requests to send.
    -l size        Send buffer size.
    -f             Set Don't Fragment flag in packet.
    -i TTL         Time To Live.
    -v TOS         Type Of Service.
    -r count       Record route for count hops.
    -s count       Timestamp for count hops.
    -j host-list   Loose source route along host-list.
    -k host-list   Strict source route along host-list.
    -w timeout     Timeout in milliseconds to wait for each reply.

C:\Documents and Settings\zykun>
```

图6-15　使用Ping命令查看示意图

- -r count：在"记录路由"字段中记录传出和返回数据包的路由。count 可以指定最少 1 台、最多 9 台计算机。
- -s count：指定 count 指定的跃点数的时间戳。
- -j host-list：利用 host-list 指定的计算机列表路由数据包。连续计算机可以被中间网关分隔（路由稀疏源），IP 允许的最大数量为 9。
- -k host-list：利用 host-list 指定的计算机列表路由数据包。连续计算机不能被中间网关分隔（路由严格源），IP 允许的最大数量为 9。
- -w timeout：指定超时间隔，单位为毫秒。
- destination-list：指定要 Ping 的远程计算机。

说明：如果 -t 参数和 -n 参数一起使用，Ping 命令就以放在后面的参数为标准，比如"ping IP -t -n 3"，虽然使用了 -t 参数，但并不是一直 Ping 下去，而是只 Ping 3 次。另外，Ping 命令不一定非得 Ping IP，也可以直接 Ping 主机域名，这样就可以得到主机的 IP。

3．Ping 命令有两种执行方式

在"开始"菜单的"运行"对话框中直接输入命令；在命令提示符下输入命令。如果要查看它们的帮助信息，可以在命令提示符下直接输入"命令符"或"命令符 / ？"。

4．Ping 命令的响应信息

Ping 命令测试成功示意图如图 6-16 所示。

如果"Ping"命令测试不成功，通常在屏幕上显示如下几种出错信息：

```
Unknown host
No answer
Timed out
Network unreachable
```

```
C:\>ping 127.0.0.1

Pinging 127.0.0.1 with 32 bytes of data:

Reply from 127.0.0.1: bytes=32 time<1ms TTL=64
Reply from 127.0.0.1: bytes=32 time<1ms TTL=64
Reply from 127.0.0.1: bytes=32 time<1ms TTL=64
Reply from 127.0.0.1: bytes=32 time<1ms TTL=64

Ping statistics for 127.0.0.1:
    Packets: Sent = 4, Received = 4, Lost = 0 (0% loss),
Approximate round trip times in milli-seconds:
    Minimum = 0ms, Maximum = 0ms, Average = 0ms
```

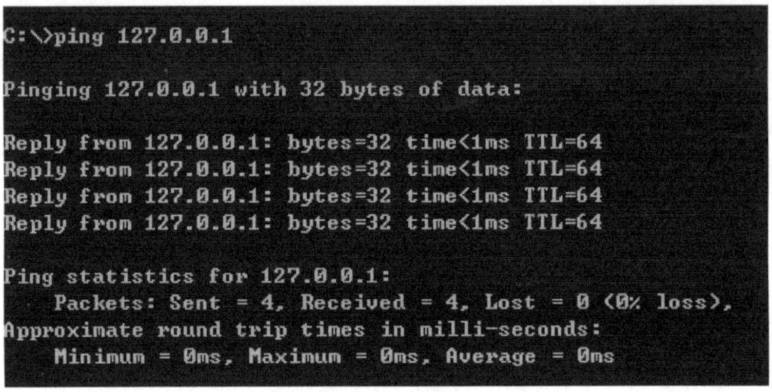

图6-16　Ping命令测试成功示意图

- Unknown host：意为不知名的主机，该出错信息的含义是，被"Ping"主机的域名不能被域名服务器转换成 IP 地址。故障原因可能是所"Ping"的名字不正确、域名服务器有故障或者网络系统与远程主机之间的通信线路有故障。
- No answer：意为没有响应，该出错信息的含义是，本地网络有一条到达所"Ping"主机的路由，但却接收不到该远程主机的任何数据包响应。故障原因可能是远程主机没有工作，远程主机网络配置不正确，远程的路由器没有工作，通信线路有故障。
- Timed out：意为超时，即与远程主机的连接超时，数据包全部丢失。故障原因可能是本机到路由器的连接有问题，数据包没能通过路由器，远程主机未工作。
- Network unreachable：意为远程网络不可到达，这是本地网络没有到达远程网络的路由。可用 netstat rn 检查路由表来确定路由配置情况。

使用 Ping 命令可以测试自己和对方计算机之间的网络是否畅通，如果对方能被访问且网络畅通，则会收到对方的响应信息，此时屏幕上会显示 Reply from....，如果在一定时间内没有收到对方的响应，则会显示 Time out。根据是否收到对方的响应、响应数据的丢失率及平均响应时间等信息，可以判断网络的连通状况。

6.2.2　路由追踪命令Tracert

1．命令概述

Tracert（跟踪路由）是路由跟踪实用程序，用于确定 IP 数据包访问目标所采取的路径。Tracert 命令用 IP 生存时间（TTL）字段和 ICMP 错误消息来确定从一个主机到网络上其他主机的路由。

通过向目标发送不同 IP 生存时间（TTL）值的"Internet 控制消息协议（ICMP）"回应数据包，Tracert 诊断程序确定到目标所采取的路由。要求路径上的每个路由器在转发数据包之前至少将数据包上的 TTL 递减 1。数据包上的 TTL 减为 0 时，路由器应该将"ICMP 已超时"的消息发回源系统。

Tracert 先发送 TTL 为 1 的回应数据包，并在随后的每次发送过程将 TTL 递增 1，直到目标响应或 TTL 达到最大值，从而确定路由。通过检查中间路由器发回的"ICMP 已超时"的消息确定路由。某些路由器不经询问直接丢弃 TTL 过期的数据包，在 Tracert 实用程序中不会出现这种情况。以上信息显示出所经每一站路由器的反应时间、站点名称、IP 地址等重要信息，从中可判断影响网络访问速度的最主要的路由器。Tracert 最多可以展示 30 个"跃程（hops）"。

当数据包从用户的计算机经过多个网关传送到目的地时，Tracert 命令可以用来跟踪数据报使用的路由（路径）。该实用程序跟踪的路径是源计算机到目的地的一条路径，不能保证或认为数据报总遵循这个路径。如果用户的配置使用 dns，那么用户会从所产生的应答中得到城市、地址和常见通信公司的名字。Tracert 是一个运行得比较慢的命令（如果指定的目标地址比较远），每个路由器大约需要 15 秒钟。

Tracert 的使用很简单，只需要在 Tracert 后面跟一个 IP 地址或 url，Tracert 就会进行相应的域名转换。tracert 一般用来检测故障的位置，可以用 Tracert IP 来检测在哪个环节上出了问题，虽然还没有确定是什么问题，但它已经告诉了我们问题所在的地方。

该命令确定有该计算机到达目的计算机的路由，也就是所经过的各路由器的地址。

2．Tracert 命令的格式

Tracert 命令使用示意图如图 6-17 所示。

```
Tracert [-d] [-h maximum_hops] [-j host-list] [-w timeout]target_name
```

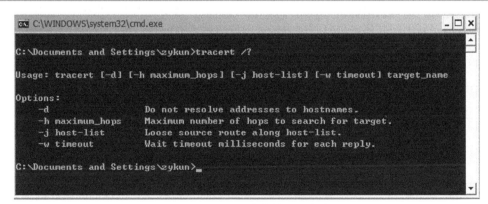

图6-17 Tracert命令使用示意图

各参数的意义如下。

- -d 指定不将地址解析为计算机名。
- -h maximum_hops：指定搜索目标的最大跃点数。
- -j host-list：指定沿 host-list 的稀疏源路由。

- -w timeout：每次应答等待 timeout 指定的微秒数。
- target_name：目标计算机的名称。

3．举例说明

例 6-1：数据包必须通过两个路由器（10.0.0.1 和 192.168.0.1）才能到达主机 172.16.0.99。主机的默认网关是 10.0.0.1，192.168.0.0 网络上的路由器的 IP 地址是 192.168.0.1。

```
C:\>tracert 172.16.0.99 -d
    Tracing route to 172.16.0.99 over a maximum of 30 hops
    1 2s 3s 2s 10,0.0,1
    2 75 ms 83 ms 88 ms 192.168.0.1
    3 73 ms 79 ms 93 ms 172.16.0.99
    Trace complete.
```

用 Tracert 解决问题，可以使用 Tracert 命令来确定数据包在网络上的停止位置。

例 6-2：默认网关确定 192.168.10.99 主机没有有效路径。这可能是路由器配置的问题，或者是 192.168.10.0 网络不存在（错误的 IP 地址）。

```
C:\>tracert 192.168.10.99
    Tracing route to 192.168.10.99 over a maximum of 30 hops
    1 10.0.0.1 reports:Destination net unreachable.
    Trace complete.
```

Tracert 实用程序对于解决大网络问题非常有用，此时可以采取几条路径到达同一个点。

6.2.3　地址配置命令Ipconfig

1．命令概述

Ipconfig 命令可以检查网络接口配置。如果用户系统不能到达远程主机，而同一系统的其他主机可以到达，那么使用该命令对这种故障的判断很有必要。当主机系统能到达远程主机但不能到达本地子网中的其他主机时，则表示子网掩码设置有问题，进行修改后故障便不会再出现。

输入 Ipconfig/?，可获得 Ipconfig 的使用帮助；输入 Ipconfig/all，可获得 IP 配置的所有属性。窗口中显示了主机名、DNS 服务器、节点类型及主机的相关信息，如网卡类型、MAC 地址、IP 地址、子网掩码及默认网关等。其中网络适配器的 MAC 地址在检测网络错误时非常有用。

配置不正确的 IP 地址或子网掩码是接口配置的常见故障。其中配置不正确的 IP 地址有两种情况：① 网号部分不正确。此时执行每一条 Ipconfig 命令都会显示 "no answer"，这样，执行该命令后错误的 IP 地址就能被发现，修改即可。② 主机部分不正确，如与另一主机配置的地址相同而引起冲突。这种故障是当两台主机同时工作时才会出现的间歇性的通信问题。更换 IP 地址中的主机号部分，该问题即能排除。

该命令显示计算机当前的 TCP/IP 网络配置信息，包括 IP 地址、子网掩码、默认网关、物理地址、DNS 服务器等。

2．Ipconfig 命令的格式

使用方法如下：

```
ipconfig [/? | /all | /release [adapter] | /renew [adapter]
        | /flushdns | /registerdns
        | /showclassid adapter
        | /setclassid adapter [classidtoset] ]
```

 注意

上述方法只是命令的一种习惯记法，不代表使用时的格式，具体使用可以参考示例。

这里，命令 Ipconfig 之后的部分为选项开关，如 /?、/all 等，使用不同的开关可以查看不同的内容。它们之间的竖线"|"是用来分隔不同开关的，表示这是两个不同的开关，在使用命令时输入一个开关即可，不需要输入这条竖线和其他开关。

有的开关还需要附带一些参数，如 /showclassid adapter 中，adapter 即为此开关的参数，使用时需要替换成一个确定的值。另外，以上 [ ] 中的内容表示是可选的，使用时可有可无，不指明则使用默认值。

在不使用任何开关的情况下，Ipconfig 命令只显示 IP 地址、子网掩码和每个网卡的默认网关值。使用开关 /all 能产生完整显示。

3．应用步骤

（1）Ipconfig 属于 DOS 命令，因为首先需要打开命令提示符（CMD）。命令提示符（CMD）经常用到。打开"开始"菜单，选择"运行"选项，输入 cmd，如图 6-18 所示，然后单击回车，这样就进入到命令提示符输入界面。

（2）在使用一个命令之前，首先应该查看这个命令的帮助文档。Ipconfig 查看帮助的命令语句为 Ipconfig/?，只需要输入这个命令就会出现 Ipconfig 的帮助文档，其中详细地介绍了Ipconfig 的使用方法，如可以附带的参数，每个参数的具体含义及示例。Ipconfig 命令查看帮助如图 6-19 所示。

（3）看完帮助文档之后就可以动手操作。首先，对 Ipconfig 命令来说，当使用 Ipconfig时不带任何参数选项，那么它为每个已经配置了的接口显示 IP 地址、子网掩码和默认网关值。如果用户安装了虚拟机和无线网卡，它们的相关信息也会出现在这里。

（4）接着来分析 ipconfig/all 命令，相比于 Ipconfig 命令，加上了 all 参数之后显示的信息将会更为完善，如 IP 的主机信息、DNS 信息、物理地址信息、DHCP 服务器信息等，当我们需要详细了解本机的 IP 信息时，就会用到 Ipconfig/all 命令。

（5）还有两个比较常用的参数就是 release 和 renew。一般情况下，这两个参数是一起使用的，Ipconfig/release 为释放现有的 IP 地址，Ipconfig/renew 命令则是向 DHCP 服务器发出请求，并租用一个 IP 地址。但是一般情况下使用 ipconfig/renew 获得的 IP 地址和之前的地址一样，只有在原有的地址被占用的情况下才会获得一个新的地址。

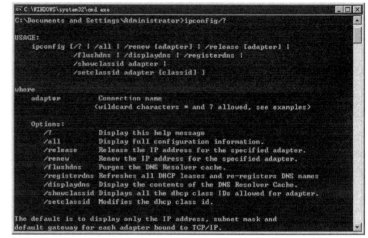

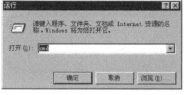

图6-18　打开命令提示符　　　　　　　　图6-19　Ipconfig命令查看帮助

（6）看过帮助文档之后，会发现 Ipconfig 还有很多其他的参数，例如，displaydns 参数可用来显示本地 DNS 内容，flushdns 参数可为清除本地 DNS 缓存内容。这些参数并不需要刻意去记住，只需要知道 Ipconfig 有这个功能，有需要的时候查询即可。例如：

```
C:\>ipconfig
Windows 2000 IP Configuration
Ethernet adapter 本地连接：
    Connection-specific DNS Suffix  . :
    IP Address. . . . . . . . . . . . : 10.111.142.71    //显示IP地址
    Subnet Mask . . . . . . . . . . . : 255.255.255.0    //显示子网掩码
    Default Gateway . . . . . . . . . : 10.111.142.1     //显示缺省网关
```

使用开关的命令如下：

```
C:\>ipconfig /displaydns        //显示本机上的DNS域名解析列表
C:\>ipconfig /flushdns          //删除本机上的DNS域名解析列表
```

4．注意事项

（1）使用 renew 参数获得的 IP 地址一般与之前的 IP 地址相同，因为只有在这个 IP 地址被占用时，DHCP 服务器才会重新为这台计算机分配 IP。

（2）Ipconfig 附带的参数不少，每个参数都有其用途，只不过有些参数并不经常用到，只需记住经常使用的几个参数即可。

6.2.4　网络状态命令Netstat

1．命令概述

Netstat 是在内核中访问网络及相关信息的程序，它能提供 TCP 连接，TCP 和 UDP 监听，以及进程内存管理的相关报告。Netstat 程序有助于用户了解网络的整体使用情况。它可以显示当前正在活动的网络连接的详细信息，例如，显示网络连接、路由表和网络接口信息，得知目前总共有哪些网络连接正在运行。

　　Netstat 是 DOS 命令，是一个监控 TCP/IP 网络的非常有用的工具，它可以显示路由表、实际的网络连接及每一个网络接口设备的状态信息。Netstat 用于显示与 IP、TCP、UDP 和 ICMP 协议相关的统计数据，一般用于检验本机各端口的网络连接情况。

　　如果用户的计算机有时候接收到的数据包导致出错数据或故障，不必感到奇怪，TCP/IP 可以容许这些类型的错误，并能够自动重发数据包。但如果累计的出错情况的数目占到所接收的 IP 数据包相当大的百分比，或者它的数目正迅速增加，那么就应该使用 Netstat 查一查为什么会出现这些情况。

2．Netstat 命令的格式

　　用 Netstat / ? 命令可查看该命令的使用格式及详细的参数说明，在 DOS 命令提示符下或在"运行"对话框中输入如下命令：

```
C:\>netstat /?
```

如图 6-20 所示为 Netstat 命令查看帮助。

图6-20　Netstat命令查看帮助

该命令的一般格式为（以 Win XP 为例）：

```
NETSTAT [-a] [-b] [-e] [-n] [-o] [-p proto] [-r] [-s] [-v] [interval]
```

其中，各参数含义如下：

- -a：查看本地机器的所有开放端口，可以有效发现和预防木马，可以知道机器所开放的服务等信息。这里可以看出本地机器开放有 FTP 服务、Telnet 服务、邮件服务、

Web 服务等。用法为 netstat -a IP。

- -r：列出当前的路由信息，告诉我们本地机器的网关、子网掩码等信息。用法为 netstat -r IP。
- -b：显示包含于创建每个连接或监听端口的可执行组件。在某些情况下已知可执行组件拥有多个独立组件，并且在这些情况下包含于创建连接或监听端口的组件序列被显示。这种情况下，可执行组件名在底部的 [ ] 中，顶部是其调用的组件，等等，直到 TCP/IP 部分。注意此选项可能需要很长时间，如果没有足够权限可能会失败。
- -e：显示以太网统计信息。此选项可以与 -s 选项组合使用。
- -n：以数字形式显示地址和端口号。
- -o：显示与每个连接相关的所属进程 ID。
- -p proto：显示 proto 指定的协议的连接；proto 可以是下列协议之一，TCP、UDP、TCPv6 或 UDPv6。如果与 -s 选项一起使用，以显示按协议统计信息，proto 可以是下列协议之一，IP、IPv6、ICMP、ICMPv6、TCP、TCPv6、UDP 或 ()UDPv6。
- -r：显示路由表。
- -s：显示按协议统计信息。默认显示 IP、IPv6、ICMP、ICMPv6、TCP、TCPv6、UDP 和 UDPv6 的统计信息。
- -p：选项用于指定默认情况的子集。
- -v：与 -b 选项一起使用时将显示包含于为所有可执行组件创建连接或监听端口的组件。
- interval：重新显示选定统计信息，每次显示中间暂停时间的间隔（以秒计）。按 Ctrl+C 组合键停止重新显示统计信息。如果省略，netstat 显示当前的配置信息（只显示一次）。

若接收错和发送错接近为零或全为零，网络的接口无问题。但当这两个字段有 100 个以上的出错分组时就可认为是高出错率。高的发送错表示本地网络饱和或在主机与网络之间有不良的物理连接；高的接收错表示整体网络饱和、本地主机过载或物理连接有问题，可以用 Ping 命令统计误码率，以进一步确定故障的程度。

6.3 网络安全

6.3.1 网络安全概述

1. 网络安全的基本概念

网络安全是指网络系统的硬件、软件及其系统中的数据受到保护，不因偶然的或者恶意的原因而遭受到破坏、更改和泄露，系统连续可靠、正常地运行，网络服务不中断。 网络安全包含网络设备安全、网络信息安全、网络软件安全。从广义来说，凡是涉及网络信息的保密性、完整性、可用性、真实性和可控性的相关技术和理论都是网络安全的研究领域。网络安全是一门涉及计算机科学、网络技术、通信技术、密码技术、信息安全技术、应用数学、数论、信息论等多种学科的综合性学科。包括如下含义：

- 网络运行系统安全。
- 网络系统信息的安全。
- 网络信息传播的安全，即信息传播后果的安全。
- 网络信息内容的安全。
- 网络实体的安全。
- 软件安全。
- 数据安全。
- 安全管理。
- 数据保密性。
- 数据完整性。
- 可用性。
- 可审查性。

所以，为数据处理系统建立和采用的技术和管理的安全保护，保护计算机硬件、软件和数据不因偶然和恶意的原因遭到破坏、更改和泄露。选择适当的技术和产品，制订灵活的网络安全策略，在保证网络安全的情况下，提供灵活的网络服务通道。采用适当的安全体系设计和管理计划，能够有效降低网络安全对网络性能的影响并降低管理费用。

2．主要特性

（1）保密性。保密性是指信息不泄露给非授权用户、实体或过程，或供其利用的特性。

（2）完整性。完整性是指数据未经授权不能进行改变的特性，即信息在存储或传输过程中保持不被修改、不被破坏和丢失的特性。

（3）可用性。可用性是指可被授权实体访问并按需求使用的特性，即当需要时能否存取所需的信息。例如，网络环境下拒绝服务、破坏网络和有关系统的正常运行等都属于对可用性的攻击。

（4）可控性。可控性是指对信息的传播及内容具有控制能力。

（5）可审查性。可审查性是指出现安全问题时提供依据与手段。

6.3.2　网络安全解决措施

管理者希望本地网络信息的访问、读写等操作受到保护和控制，避免出现"陷门"、病毒、非法存取、拒绝服务和网络资源非法占用及非法控制等威胁，制止和防御网络黑客的攻击。对安全保密部门来说，他们希望对非法的、有害的或涉及国家机密的信息进行过滤和防堵，避免机要信息泄露，避免对社会产生危害，对国家造成巨大损失。从社会教育和意识形态角度来讲，网络上不健康的内容，会对社会的稳定和人类的发展造成阻碍，必须对其进行控制。

随着计算机技术的迅速发展，在计算机上处理的业务也由基于单机的数学运算、文件处理，基于简单连接的内部网络的内部业务处理、办公自动化等发展到基于复杂的内部网（Intranet）、企业外部网（Extranet）、全球互联网（Internet）的企业级计算机处理系统和世界范围内的信息共享和业务处理。在系统处理能力提高的同时，系统的连接能力也在不断地提高，但在连接能力信息、流通能力提高的同时，基于网络连接的安全问题也日益突出，整体的网络安全主要表现在如下几个方面：网络的物理安全、网络拓扑结构安全、网络系统安全、应用系统安全和网络管理的安全等，网络安全解决措施如图 6-21 所示。

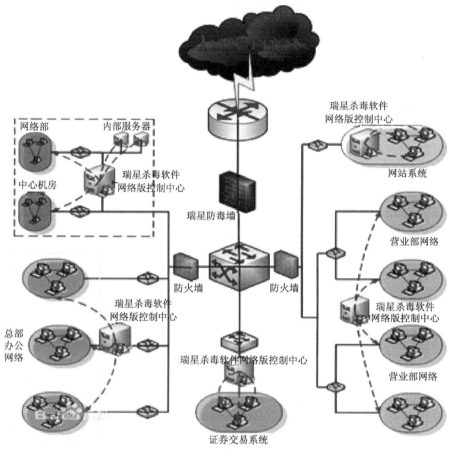

图6-21　网络安全解决措施

1．入侵检测系统部署

入侵检测能力是衡量一个防御体系是否完整有效的重要因素，强大完整的入侵检测体系可以弥补防火墙相对静态防御的不足。对来自外部网和校园网内部的各种行为进行实时检测，及时发现各种可能的攻击企图，并采取相应的措施。具体来讲，就是将入侵检测引擎接入中心交换机。入侵检测系统集入侵检测、网络管理和网络监视功能于一身，能实时捕获内外网之间传输的所有数据，利用内置的攻击特征库，使用模式匹配和智能分析的方法，检测网络中发生的入侵行为和异常现象，并在数据库中记录有关事件，作为网络管理员事后分析的依据；如果情况严重，系统可以发出实时报警，使得学校管理员能够及时采取应对措施。

2．漏洞扫描系统

采用最先进的漏洞扫描系统定期对工作站、服务器、交换机等进行安全检查，并根据检查结果向系统管理员提供详细可靠的安全性分析报告，为提高网络安全整体水平提供重要依据。

3. 网络版杀毒产品部署

在该网络防病毒方案中，最终要达到的一个目的就是：要在整个局域网内杜绝病毒的感染、传播和发作，为了实现这一点，应该在整个网络内可能感染和传播病毒的地方采取相应的防病毒手段。同时为了有效、快捷地实施和管理整个网络的防病毒体系,应能实现远程安装、智能升级、远程报警、集中管理、分布查杀等多种功能。

因此计算机安全问题，应该像每家每户的防火防盗问题一样，做到防患于未然。因为安全问题一旦发生，常常会让人措手不及，造成极大的损失。

6.3.3　防火墙

1. 防火墙的基本定义

所谓防火墙指的是一个由软件和硬件设备组合而成、在内部网和外部网之间、专用网与公共网之间的界面上构造的保护屏障，是一种获取安全性方法的形象说法。它是一种计算机硬件和软件的结合，使 Internet 与 Intranet 之间建立起一个安全网关（Security Gateway），从而保护内部网免受非法用户的侵入。防火墙主要由服务访问规则、验证工具、包过滤和应用网关 4 个部分组成，是一个位于计算机和它所连接的网络之间的软件或硬件。该计算机流入、流出的所有网络通信和数据包均要经过此防火墙。它是一种位于内部网络与外部网络之间的网络安全系统。

在网络中，所谓"防火墙"，是指一种将内部网和公众访问网（如 Internet）分开的方法，它实际上是一种隔离技术。防火墙是在两个网络通信时执行的一种访问控制尺度，它能允许用户"同意"的访客和数据进入其网络，同时将用户"不同意"的访客和数据拒之门外，最大限度地阻止网络中的黑客来访问其网络。换句话说，如果不通过防火墙，公司内部的人就无法访问 Internet，Internet 上的人也无法和公司内部的人进行通信。

Windows XP 系统相比于以往的 Windows 系统新增了许多网络功能（Windows 7 的防火墙一样很强大，可以很方便地定义过滤掉数据包），例如，Internet 连接防火墙（ICF），它就是用一段"代码墙"把计算机和 Internet 分隔开，时刻检查出入防火墙的所有数据包，决定拦截或放行那些数据包。防火墙可以是一种硬件、固件或者软件，如专用防火墙设备就是硬件形式的防火墙，包过滤路由器是嵌有防火墙固件的路由器，而代理服务器等软件就是软件形式的防火墙。

2. ICF 工作原理

ICF 被视为状态防火墙，状态防火墙可监视通过其路径的所有通信，并且检查所处理的每个消息的源和目标地址。为了防止来自连接公用端的未经请求的通信进入专用端，ICF 保留了所有源自 ICF 计算机的通信表。在单独的计算机中，ICF 将跟踪源自该计算机的通信。与 ICS 一起使用时，ICF 将跟踪所有源自 ICF/ICS 计算机的通信和所有源自专用网络计算机的通信。所有 Internet 传入通信都会针对于该表中的各项进行比较。只有当表中有匹配项时（这说明通信交换是从计算机或专用网络内部开始的），才允许将传入 Internet 通信传送给网络中的计算机。

源自外部源 ICF 计算机的通信（如 Internet）将被防火墙阻止，除非在"服务"选项卡上设置允许该通信通过。ICF 不会向用户发送活动通知，而是静态地阻止未经请求的通信，防止像端口扫描这样的常见黑客袭击。

3．防火墙的种类

防火墙从诞生开始，已经历了 4 个发展阶段：基于路由器的防火墙、用户化的防火墙工具套、建立在通用操作系统上的防火墙、具有安全操作系统的防火墙。常见的防火墙属于具有安全操作系统的防火墙，如 NetEye、NetScreen 等。

从原理上来分，可将防火墙分成 4 种类型：特殊设计的硬件防火墙、数据包过滤型、电路层网关和应用级网关。安全性能高的防火墙系统都是组合运用多种类型防火墙，构筑多道防火墙"防御工事"。

4．防火墙的主要类型

（1）网络层防火墙

网络层防火墙可视为一种 IP 封包过滤器，运作在底层的 TCP/IP 协议堆栈上。可以枚举的方式，只允许符合特定规则的封包通过，其余的一概禁止穿越防火墙（病毒除外，防火墙不能防止病毒侵入）。这些规则通常可经由管理员定义或修改，不过某些防火墙设备可能只能套用内置的规则。

也可以另一种较宽松的角度来制订防火墙规则，只要封包不符合任何一项"否定规则"就予以放行。操作系统及网络设备大多已内置防火墙功能。较新的防火墙能利用封包的多样属性来进行过滤，例如，来源 IP 地址、来源端口号、目的 IP 地址或端口号、服务类型（如 HTTP 或 FTP）。也能经由通信协议、TTL 值、来源的网域名称或网段等属性来进行过滤。

（2）应用层防火墙

应用层防火墙在 TCP/IP 堆栈的"应用层"上运行，使用浏览器时所产生的数据流或使用 FTP 时的数据流都属于这一层。应用层防火墙可以拦截止进出某应用程序的所有封包，并且封锁其他的封包。理论上，这一类的防火墙可以完全阻止外部的数据流进到受保护的机器中。

防火墙借由监测所有的封包并找出不符规则的内容，可以防范电脑蠕虫或木马程序的快速蔓延。不过就实现而言，这个方法很烦琐，所以大部分的防火墙都不会考虑以这种方法设计。

XML 防火墙是一种新型的应用层防火墙。根据侧重不同，可分为包过滤型防火墙、应用层网关型防火墙和服务器型防火墙。

（3）数据库防火墙

数据库防火墙是一款基于数据库协议分析与控制技术的数据库安全防护系统。基于主动防御机制，实现数据库的访问行为控制、危险操作阻断、可疑行为审计。

数据库防火墙通过 SQL 协议分析，根据预定义的禁止和许可策略让合法的 SQL 操作通过，阻断非法违规操作，形成数据库的外围防御圈，实现 SQL 危险操作的主动预防、实时审计。

数据库防火墙面对来自于外部的入侵行为，提供 SQL 注入禁止和数据库虚拟补丁包功能。

5．使用技巧

（1）所有的防火墙文件规则必须更改

尽管这种方法听起来很容易，但是由于防火墙没有内置的变动管理流程，因此文件更改对于许多企业来说都不是最佳的实践方法。如果防火墙管理员因为突发情况或者一些其他形式的业务中断作出更改，那么他"撞到枪口上"的可能性就会比较大。但是如果这种更改抵消了之前的协议更改，会很容易导致宕机。

防火墙管理产品的中央控制台能全面可视所有的防火墙规则基础，因此团队的所有成员都必须达成共识，观察谁进行了何种更改。这样就能及时发现并修理故障，让整个协议管理更加简单和高效。

另一个常见的安全问题是权限过度的规则设置。防火墙规则由三个域构成：源（IP 地址）、目的地（网络 / 子网络）和服务（应用软件或者其他目的地）。为了确保每个用户都有足够的端口来访问他们所需的系统，常用方法是在一个或者更多域内指定访问的目标对象。当用户出于业务持续性的需要允许大范围的 IP 地址来访问大型企业的网络，这些规则就会变得权限过度释放，因此就会增加不安全因素。服务域的规则是开放 65 535 个 TCP 端口的 ANY，这样就意味着防火墙管理员真的为黑客开放了 65 535 个攻击矢量。

（2）根据法规协议和更改需求来校验每项防火墙的更改

在防火墙操作中，日常工作都是以寻找问题、修正问题和安装新系统为中心的。在安装最新防火墙规则来解决问题，应用新产品和业务部门的过程中，我们经常会遗忘防火墙也是企业安全协议的物理执行者。每项规则都应该重新审核来确保它能符合安全协议和任何法规协议的内容和精神，而不仅是一篇法律条文。

（3）当服务过期后从防火墙规则中删除无用的规则

规则膨胀是防火墙经常会出现的安全问题，因为多数运作团队都没有删除规则的流程。业务部门擅长让用户知道他们了解这些新规则，却从来不会让防火墙团队知道他们不再使用某些服务了。了解退役的服务器和网络及应用软件更新周期对于达成规则共识是一个好的开始；而运行无用规则的报表是另外一步。黑客喜欢从来不删除规则的防火墙团队。

（4）每年至少对防火墙进行两次完整的审核

如果用户使用信用卡频繁，那么这项措施不是最佳实践方法，因为支付卡行业标准 1.1.6 规定，至少每隔半年要对防火墙进行一次审核。

6.3.4 入侵检测系统

1．入侵检测系统简介

入侵检测系统（Intrusion Detection System，IDS）是一种对网络传输进行即时监视，在发现可疑传输时发出警报或者采取主动反应措施的网络安全设备。它与其他网络安全设备的不同之处在于，IDS 是一种积极主动的安全防护技术。IDS 最早出现在 1980 年 4 月。20世纪 80 年代中期，IDS 逐渐发展成为入侵检测专家系统（IDES）。1990 年，IDS 分化为基于网络的 IDS 和基于主机的 IDS。后又出现分布式 IDS。目前，IDS 发展迅速，已有人宣称 IDS 可以完全取代防火墙。

IDS 是计算机的监视系统，它通过实时监视系统，一旦发现异常情况就发出警告。IDS 入侵检测系统可根据信息来源的不同和检测方法的差异进行分类：根据信息来源可分为基于主机 IDS 和基于网络的 IDS；根据检测方法又可分为异常入侵检测和滥用入侵检测。不同于防火墙，IDS 入侵检测系统是一个监听设备，没有跨接在任何链路上，无须网络流量流经它便可以工作。因此，对 IDS 的部署，唯一的要求是：IDS 应当挂接在所有所关注流量都必须流经的链路上。在这里，"所关注流量"指的是来自高危网络区域的访问流量和需要进行统计、监视的网络报文。在如今的网络拓扑中，已经很难找到以前的 HUB 式的共享介质冲突域的网络，绝大部分的网络区域都已经全面升级到交换式的网络结构。因此，IDS 在交换式网络中的位置一般选择在尽可能靠近攻击源或者尽可能靠近受保护资源的位置。这些位置通常是：服务器区域的交换机上；Internet 接入路由器之后的第一台交换机上；重点保护网段的局域网交换机上。由于入侵检测系统的市场在近几年飞速发展，许多公司投入到这一领域上来。Venustech（启明星辰）、Internet Security System（ISS）、思科、赛门铁克等公司都推出了自己的产品。

2．系统组成

IETF 将一个入侵检测系统分为如下 4 个组件。

- 事件产生器（Event generators）：目的是从整个计算环境中获得事件，并向系统的其他部分提供此事件。
- 事件分析器（Event analyzers）：经过分析得到数据，并产生分析结果。
- 响应单元（Response units）：是对分析结果做出反应的功能单元，它可以做出切断连接、改变文件属性等强烈反应，也可以只是简单的报警。
- 事件数据库（Event databases）：是存放各种中间和最终数据的地方的统称，它可以是复杂的数据库，也可以是简单的文本文件。

3．系统缺陷

1998 年 2 月，Secure Networks Inc. 指出 IDS 有许多弱点，主要为：IDS 对数据的检测；对 IDS 自身攻击的防护。由于网络发展迅速，网络传输速率大大加快，这给 IDS 工作造成了很大负担，也意味着 IDS 对攻击活动检测的可靠性不高。而 IDS 在应对自身的攻击时，对其他传输的检测也会被抑制。同时由于模式识别技术的不完善，IDS 的高虚警率也是它的一大问题。

4．通信协议

IDS 系统内部各组件之间需要通信，不同厂商的 IDS 系统之间也需要通信。因此，有必要定义统一的协议。IETF 目前有一个专门的小组 Intrusion Detection Working Group（IDWG）负责定义这种通信格式，称作 Intrusion Detection Exchange Format（IDEF），但还没有统一的标准。设计通信协议时应考虑以下问题：系统与控制系统之间传输的信息是非常重要的信息，因此必须要保持数据的真实性和完整性。必须有一定的机制进行通信双方的身份验证和保密传输（同时防止主动和被动攻击）。通信的双方均有可能因异常情况而导致通信中断，IDS系统必须有额外措施保证系统正常工作。

5．检测技术

对各种事件进行分析，从中发现违反安全策略的行为是入侵检测系统的核心功能。从技术上，入侵检测分为两类：一种基于标识（signature-based），另一种基于异常情况（anomaly-based）。

对于基于标识的检测技术来说，首先要定义违背安全策略的事件的特征，如网络数据包的某些头信息。检测主要判别这类特征是否在所收集到的数据中出现。此方法非常类似杀毒软件。

而基于异常情况的检测技术则先定义一组系统"正常"情况的数值，如 CPU 利用率、内存利用率、文件校验和等（这类数据可以人为定义，也可以通过观察系统、并用统计的办法得出），然后将系统运行时的数值与所定义的"正常"情况比较，得出是否有被攻击的迹象。这种检测方式的核心在于如何定义所谓的"正常"情况。

两种检测技术的方法、所得出的结论有非常大的差异。基于标识的检测技术的核心是维护一个知识库。对于已知的攻击，它可以详细、准确地报告出攻击类型，但是对未知攻击却效果有限，而且知识库必须不断更新。基于异常的检测技术则无法准确判断出攻击的手法，但它可以（至少在理论上可以）判断更广泛、甚至未发觉的攻击。

6．检测方法

（1）异常检测方法

在异常入侵检测系统中常常采用如下几种检测方法。

① 基于贝叶斯推理检测法：通过在任何给定的时刻，测量变量值，推理判断系统是否发生入侵事件。

② 基于特征选择检测法：指从一组度量中挑选出能检测入侵的度量，用它来对入侵行为进行预测或分类。

③ 基于贝叶斯网络检测法：用图形方式表示随机变量之间的关系。通过指定的与邻接节点相关的一个小的概率集来计算随机变量的连接概率分布。按给定的全部节点组合，所有根节点的先验概率和非根节点概率构成这个集。贝叶斯网络是一个有向图，弧表示父、子节点

之间的依赖关系。当随机变量的值变为已知时，就允许将它吸收为证据，为其他剩余随机变量条件值的判断提供计算框架。

④ 基于模式预测的检测法：事件序列不是随机发生的而是遵循某种可辨别的模式是基于模式预测的异常检测法的假设条件，其特点是事件序列及相互联系被考虑到了，只关心少数相关安全事件是该检测法的最大优点。

⑤ 基于统计的异常检测法：是根据用户对象的活动为每个用户都建立一个特征轮廓表，通过对当前特征与以前已经建立的特征进行比较，来判断当前行为的异常性。用户特征轮廓表要根据审计记录情况不断更新，以保护更多的衡量指标，这些指标值要根据经验值或一段时间内的统计而得到。

⑥ 基于机器学习检测法：是根据离散数据临时序列学习获得网络、系统和个体的行为特征，并提出了一个实例学习法 IBL。IBL 基于相似度，该方法通过新的序列相似度计算将原始数据（如离散事件流和无序的记录）转化成可度量的空间。然后，应用 IBL 学习技术和一种新的基于序列的分类方法，发现异常类型事件，从而检测入侵行为。其中，成员分类的概率由阈值的选取来决定。

⑦ 数据挖掘检测法：数据挖掘的目的是要从海量的数据中提取出有用的数据信息。网络中会有大量的审计记录存在，审计记录大多以文件形式存放。如果靠手工方法来发现记录中的异常现象是远远不够的，所以将数据挖掘技术应用于入侵检测中，可以从审计数据中提取有用的知识，然后用这些知识区检测异常入侵和已知的入侵。采用的方法有 KDD 算法，其优点是具备处理大量数据的能力与数据关联分析的能力，但是实时性较差。

⑧ 基于应用模式的异常检测法：该方法是根据服务请求类型、服务请求长度、服务请求包的大小分布来计算网络服务的异常值。通过实时计算的异常值和所训练的阈值进行比较，从而发现异常行为。

⑨ 基于文本分类的异常检测法：该方法是将系统产生的进程调用集合转换为"文档"。利用 K 邻聚类文本分类算法，计算文档的相似性。

（2）误用检测方法

误用入侵检测系统中常用的检测方法如下。

① 模式匹配法：常被用于入侵检测技术中。它通过将收集到的信息与网络入侵和系统误用模式数据库中的已知信息进行比较，从而对违背安全策略的行为有所发现。模式匹配法可以显著地减少系统负担，有较高的检测率和准确率。

② 专家系统法：这个方法的思想是把安全专家的知识表示成规则知识库，再用推理算法检测入侵。主要是针对有特征的入侵行为。

③ 基于状态转移分析的检测法：该方法的基本思想是将攻击看成一个连续的、分步骤的并且各个步骤之间有一定的关联的过程。在网络中发生入侵时及时阻断入侵行为，防止可能还会进一步发生的类似攻击的行为。在状态转移分析方法中，一个渗透过程可以看作由攻击者做出的一系列的行为而导致系统从某个初始状态变为某个最终被危害的状态的过程。

任务6-2 在网络中如何对攻击进行防范

 任务解读

一些在某银行进行网上银行注册的客户收到了一封来自网络管理员的电子邮件，宣称由于网络银行系统审计，要求客户重新填写用户名和密码。这一举动随后被银行工作人员发现，经证实是不法分子冒用网站公开信箱，企图窃取客户的资料。虽然没有造成多大的损失，但是这宗典型的电子邮件欺骗案例引起重视，使用户针对信息安全问题展开了更加深切的讨论。

 学习领域

了解信息安全的重要性，对网络中的攻击进行有效的防范。首先要了解黑客进行攻击的一般过程：① 先收集信息，获得域名及 IP 分布、获得拓扑及 OS、获得端口和服务、获得应用系统情况及跟踪新漏洞发布等；② 进行攻击，获取系统一定权限；③ 提升本地权限，进行实质性操作；④ 最后消除痕迹，植入后门木马，进一步渗透扩展。

 任务实施

在网络中个人信息安全的防范技巧是要提高安全意识，应做好如下几点：
- 不轻易运行不明真相的程序，屏蔽小甜饼（Cookie）信息。
- 不同的地方用不同的口令，屏蔽 ActiveX 控件。
- 定期清除缓存、历史记录及临时文件夹中的内容。
- 不随意透露任何个人信息。
- 突遇莫名其妙的故障时，要及时检查系统信息。
- 对机密信息实施加密保护，加密重要的邮件。
- 拒绝某些可能有威胁的站点对自己的访问。
- 在自己的计算机中安装防火墙。
- 为客户 / 服务器通信双方提供身份认证，建立安全信道。
- 尽量少在聊天室里或使用 QQ 聊天。

6.4 计算机网络的系统组成

6.4.1 信息安全的概念

信息安全学科可分为狭义安全与广义安全两个层次，狭义的安全是建立在以密码论为基础的计算机安全领域，早期国内信息安全专业通常以此为基准，辅以计算机技术、通信网络技术与编程等方面的内容；广义的信息安全是一门综合性学科，从传统的计算机安全到信息安全，不但是名称的变更也是对安全发展的延伸，安全不再是单纯的技术问题，而是将管理、技术、法律等问题相结合的产物。信息安全的概念在 20 世纪经历了一个漫长的历史阶段，并在 20 世纪 90 年代以来得到了深化。

进入 21 世纪，随着信息技术的不断发展，信息安全问题也日显突出。如何确保信息系统的安全已成为全社会关注的问题。国际上对于信息安全的研究起步较早，投入力度大，已取得了许多成果，并得以推广应用。国内已有一批专门从事信息安全基础研究、技术开发与技术服务工作的研究机构与高科技企业，形成了我国信息安全产业的雏形，但由于国内专门从事信息安全工作技术人才严重短缺，阻碍了我国信息安全事业的发展。

信息安全是指信息系统（包括硬件、软件、数据、人、物理环境及其基础设施）受到保护，不受偶然的或者恶意的原因而遭到破坏、更改和泄露，系统连续可靠、正常地运行，信息服务不中断，最终实现业务连续性。信息安全主要包括需保证信息的保密性、真实性、完整性、未授权复制和所寄生系统的安全性。

其根本目的就是使内部信息不受内部、外部、自然等因素的威胁。为保障信息安全，要求有信息源认证、访问控制，不能有非法软件驻留，不能有未授权的操作等行为。

信息安全是一门涉及计算机科学、网络技术、通信技术、密码技术、信息安全技术、应用数学、数论、信息论等多种学科的综合性学科。

信息作为一种资源，它的普遍性、共享性、增值性、可处理性和多效用性，使其对于人类具有特别重要的意义。信息安全的实质就是要保护信息系统或信息网络中的信息资源免受各种类型的威胁、干扰和破坏，即保证信息的安全性。根据国际标准化组织的定义，信息安全性的含义主要是指信息的完整性、可用性、保密性和可靠性。信息安全是任何国家、政府、部门、行业都必须十分重视的问题，是一个不容忽视的国家安全战略。但是，对于不同的部门和行业来说，其对信息安全的要求和重点却是有区别的。

我国的改革开放带来了各方面信息量的急剧增加，并要求大容量、高效率地传输这些信息。为了适应这一形势，通信技术发生了前所未有的爆炸性发展。除有线通信外，短波、超短波、微波、卫星等无线电通信也正在越来越广泛地应用。与此同时，国外敌对势力为了窃取我国的政治、军事、经济、科学技术等方面的秘密信息，运用侦察台、侦察船、侦察机、卫星等手段，形成固定与移动、远距离与近距离、空中与地面相结合的立体侦察网，截取我国通信传输中的信息。

从文献中了解一个社会的内幕，早已是司空见惯的事情。在 20 世纪 50 年代，从社会所属计算机中了解一个社会的内幕，正变得越来越容易。不管是机构还是个人，正把日益繁多的事情托付给计算机来完成，敏感信息正经过脆弱的通信线路在计算机系统之间传送，专用信息在计算机内存储或在计算机之间传送，电子银行业务使财务账目可通过通信线路查阅，执法部门从计算机中了解罪犯的前科，医生用计算机管理病历。所有这一切，最重要的问题是不能在对非法（非授权）获取（访问）不加防范的条件下传输信息。

传输信息的方式很多，有局域计算机网、互联网和分布式数据库，有蜂窝式无线、分组交换式无线、卫星电视会议、电子邮件及其他各种传输技术。信息在存储、处理和交换过程中，都存在泄密或被截收、窃听、篡改和伪造的可能性。不难看出，单一的保密措施已很难保证通信和信息的安全，必须综合应用各种保密措施，即通过技术的、管理的、行政的手段，实现信源、信号、信息三个环节的保护，借以达到秘密信息安全的目的。

6.4.2 网络攻击的种类

1. 网络攻击概述

网络安全是一个永恒的话题，因为计算机只要与网络连接就不可能彻底安全，网络中的安全漏洞无时不在。随着各种程序的升级换代，往往是旧的安全漏洞补上了，又存在新的安全隐患。网络攻击的本质实际上就是寻找一切可能存在的网络安全缺陷来达到对系统及资源的损害。

2. 网络攻击步骤

（1）隐藏自己的位置

普通攻击者都会利用别人的计算机隐藏他们真实的 IP 地址。老练的攻击者还会利用 800 电话的无人转接服务联接 ISP，然后再盗用他人的账号上网。

（2）寻找目标主机并分析目标主机

攻击者首先要寻找目标主机并分析目标主机。在 Internet 上能真正标识主机的是 IP 地址，域名是为了便于记忆主机的 IP 地址而另起的名字，只要利用域名和 IP 地址就能顺利地找到目标主机。当然，知道了要攻击目标的位置还是远远不够的，还必须对主机的操作系统类型及其所提供的服务等资料进行全方面的了解。此时，攻击者会使用一些扫描器工具，轻松获取目标主机运行的操作系统的版本，系统中的账户，WWW、FTP、Telnet、SMTP 等服务器程序的版本等资料，为入侵作好充分的准备。

（3）获取账号和密码，登录主机

攻击者要想入侵一台主机，首先要有该主机的一个账号和密码，否则连登录都无法进行。这样常迫使他们先设法盗窃账户文件，进行破解，从中获取某用户的账户和口令，再寻觅合适时机以此身份进入主机。当然，利用某些工具或系统漏洞登录主机也是攻击者常用的一种技法。

（4）获得控制权

攻击者用 FTP、Telnet 等工具利用系统漏洞进入目标主机系统获得控制权之后，就会做两件事：清除记录和留下后门。他会更改某些系统设置、在系统中置入特洛伊木马或其他一些远程操纵程序，以便日后能不被觉察地再次进入系统。大多数后门程序是预先编译好的，只需要想办法修改时间和权限就能使用，甚至新文件的大小都和原文件相同。攻击者一般会使用 rep 传递这些文件，以便不留下 FTB 记录。利用清除日志、删除复制的文件等手段来隐藏自己的踪迹之后，攻击者就开始下一步的行动。

（5）窃取网络资源和特权

攻击者找到攻击目标后，会继续下一步的攻击。例如，下载敏感信息；实施窃取账号密码、

信用卡号等经济偷窃；使网络瘫痪。

3．攻击的种类及其分析

（1）拒绝服务攻击

拒绝服务攻击不损坏数据，而是拒绝为用户服务，它往往通过大量不相关的信息来阻断系统或通过向系统发出毁灭性的命令来实现。例如，入侵者非法侵入某系统后，可向与之相关联的其他系统发出大量信息，最终导致接收系统过载，造成系统误操作甚至瘫痪。这种攻击的主要目的是降低目标服务器的速度，填满可用的磁盘空间，用大量的无用信息消耗系统资源，使服务器不能及时响应，并同时试图登录到工作站上的授权账户。

如没有口令的记录，由于被攻击服务器不能接收或及时接收软件包，它就无法及时响应，工作站将把虚假的响应当成正确的来处理，从而使带有假的 passwd 条目的攻击者登录成功。

（2）同步（SYN）攻击

同步攻击与拒绝服务攻击相似，它摧毁正常通信握手关系。在 SYN 攻击发生时，攻击者的计算机不回应其他计算机的 ACK，而是向其发送大量的 SYN ACK 信息。通常计算机有一个缺省值，允许它持特定数目的 SYN ACK 信息，一旦达到这个数目后，其他用户将不能初始化握手，这就意味着其他用户将不能进入系统，因此最终有可能导致网络的崩溃。

（3）Web 欺骗攻击

Web 欺骗的关键是将攻击者伪造的 Web 服务器在逻辑上置于用户与目的 Web 服务器之间，使用户的所有信息都在攻击者的监视之下。一般 Web 欺骗使用两种技术：URL 地址重写技术和相关信息掩盖技术。利用 URL 地址重写技术，攻击者重写某些重要的 Web 站点上的所有 URL 地址，使这些地址均指向攻击者的 Web 服务器。

当用户与站点进行安全链接时，则会毫无防备地进入攻击者服务器。此时用户浏览器首先向攻击者服务器请求访问，然后由攻击者服务器向真正的目标服务器请求访问，目标服务器向攻击服务器传回相关信息，攻击者服务器重写传回页面后再传给用户。此时浏览器呈现给用户的的确是一个安全链接，但连接的对象却是攻击者服务器。用户向真正 Web 服务器所提交的信息和真正 Web 服务器传给用户的所有信息均要经过攻击者服务器，并受制于它，攻击者可以对所有信息进行记录和修改。

由于浏览器一般均设有地址栏和状态栏，当浏览器与某个站点连接时，可以在地址栏中和状态栏中获取连接中的 Web 站点地址及相关的传输信息，用户可由此发现问题，所以一般攻击者往往在 URL 地址重写的同时，利用相关信息掩盖技术即一般用的 JavaScript 程序来获取地址栏和状态栏信息，以达到其掩盖欺骗的目的。

（4）TCP/IP 欺骗攻击

IP 欺骗可发生在 IP 系统的所有层次上，包括硬件数据链路层、IP 层、传输层及应用层均容易受到影响。如果底层受到损害，则应用层的所有协议都将处于危险之中。

另外，由于用户本身不直接与底层结构相互交流，有时甚至根本没有意识到这些结构的存在，因而对底层的攻击更具欺骗性。

IP欺骗攻击通常是通过外部计算机伪装成另一台合法机器来实现的。它能破坏两台机器间通信链路上的正常数据流，也可以在通信链路上插入数据，其伪装的目的在于欺骗网络中的其他机器误将攻击者作为合法机器而加以接受，诱使其他机器向它发送数据或允许它修改数据。

由于许多应用程序最初设计时就是把信任建立于发送方的IP地址簿，即如果数据包能够使其自身沿着路由到达目的地，并且应答包也可以回到原地，则可以肯定源IP地址是有效的。因此攻击者可以通过发送有效IP源地址到另一台机器的IP数据包来实施欺骗。

一方面，现有路由器的某些配置使得网络更容易受到IP欺骗攻击。例如，有些路由器不保护IP包端口源的信息，来自端口的所有IP包被装入同一个队列然后逐个处理。假如包指示IP源地址来自内部网络，则该包可转发。因此利用这一点，网络外的用户只要设法表明是一种内部IP地址，即可绕过路由器发送数据包。

另一方面，攻击者使用伪造的IP地址发送数据报，不仅可以获取数据报特有的有效请求，还可以通过预测TCP字节顺序号迫使接收方相信其合法而与之进行连接，从而达到TCP欺骗连接。

4. 网络上常见的几种攻击方式

（1）密码攻击

用户在拨号上网时，如果选择了"保存密码"的功能，则上网密码将被储存在Windows目录中以username.pwl的形式存放。如果不小心被别人看到这个文件，就可能会引起麻烦，因为别人从网上可以很轻松地找到诸如pwlview这样的软件来观看其中的内容，那么用户上网密码就泄漏了。

有的人将名字、生日、电话号码等用作密码，甚至将密码和用户名设置得一样，这样的密码，在黑客攻击软件庞大的字典文件面前简直是不堪一击。

（2）木马程序攻击

木马程序是一种特殊的病毒，它通过修改注册表等手段使自己悄悄地潜伏在系统中，在用户上网后，种植木马的黑客就可以通过服务器端木马程序控制用户的计算机，获取用户的口令等重要信息，其危害性非常大。

（3）垃圾邮件攻击

垃圾邮件是指向他人电子信箱发送未经许可的、难以拒绝的电子邮件或电子邮件列表，其内容包括广告信息、电子杂志、网站信息等。用户的电子信箱被这些垃圾邮件充斥后，会大大占用网络资源，导致网络阻塞，严重的还会使用户的邮箱被"炸"掉，使邮箱不能正常工作。

（4）通过聊天软件攻击

用户在用聊天软件聊天时，黑客用一些小软件就可查出对方聊天者的IP地址，然后通过IP炸弹软件对用户的机器进行轰炸，使之蓝屏或死机。

5．网络攻击的六大趋势

（1）自动化程度和攻击速度提高

攻击工具的自动化水平不断提高，自动化攻击涉及 4 个阶段，每个阶段都有新变化。自 1997 年起，广泛的扫描变得司空见惯。目前，扫描工具利用更先进的扫描模式来改善扫描效果和提高扫描速度，以损害脆弱的系统。

以前，安全漏洞只在广泛的扫描完成后才被加以利用。而现在攻击工具利用这些安全漏洞作为扫描活动的一部分，从而加快了攻击的传播速度。在 2000 年之前，攻击工具需要人来发动新一轮的攻击。目前，攻击工具可以自己发动新一轮的攻击。如红色代码和尼姆达这类工具能够自我传播，在 18 小时内就能达到全球饱和点。随着分布式攻击工具的出现，攻击者可以管理和协调公布在许多 Internet 系统上的大量的攻击工具。目前，分布式攻击工具能够更有效地发动拒绝服务攻击，扫描潜在的受害者，危害存在安全隐患的系统。

（2）攻击工具越来越复杂

攻击工具开发者正在利用更先进的技术武装攻击工具。与以前相比，攻击工具的特征更难发现，更难利用特征进行检测。攻击工具具有三个特点：① 反侦破。攻击者采用隐蔽攻击工具特性的技术，使得安全专家分析新攻击工具和了解新攻击行为所耗费的时间增多。② 动态行为。早期的攻击工具是以单一确定的顺序执行攻击步骤，今天的自动攻击工具可以根据随机选择、预先定义的决策路径或通过入侵者直接管理，来变化它们的模式和行为。③ 攻击工具的成熟性。与早期的攻击工具不同，目前攻击工具可以通过升级或更换工具的一部分迅速变化，发动迅速变化的攻击，且在每一次攻击中会出现多种不同形态的攻击工具。此外，攻击工具越来越普遍地被开发为可在多种操作系统平台上执行。许多常见攻击工具使用 IRC 或 HTTP（超文本传输协议）等协议，从入侵者那里向受攻击的计算机发送数据或命令，使得用户将攻击特性与正常、合法的网络传输流区别开变得越来越困难。

（3）发现安全漏洞越来越快

新发现的安全漏洞每年都要增加一倍，管理人员不断用最新的补丁修补这些漏洞，而且每年都会发现安全漏洞的新类型。入侵者经常能够在厂商修补这些漏洞前发现攻击目标。

（4）越来越高的防火墙渗透率

防火墙是用来防范入侵者的主要保护措施。但是越来越多的攻击技术可以绕过防火墙，例如，IPP（Internet 打印协议）和 WebDAV（基于 Web 的分布式创作与翻译）都可以被攻击者利用以绕过防火墙。

（5）越来越不对称的威胁

Internet 上的安全是相互依赖的。每个 Internet 系统遭受攻击的可能性取决于连接到全球 Internet 上其他系统的安全状态。由于攻击技术的进步，一个攻击者可以比较容易地利用分布式系统，对一个受害者发动破坏性的攻击。随着部署自动化程度和攻击工具管理技术的提高，威胁的不对称性将继续增加。

（6）对基础设施将形成越来越大的威胁

基础设施攻击是大面积影响 Internet 关键组成部分的攻击。由于用户越来越多地依赖 Internet 完成日常业务，基础设施攻击越来越引起用户的担心。基础设施面临分布式拒绝服务攻击、蠕虫病毒、对 Internet 域名系统 DNS 的攻击和对路由器攻击或利用路由器的攻击。通过对上述攻击方法和原理的介绍，下面将逐步研究防范攻击的对策。

6.4.3　安全防护措施

网络攻击是近来常发生的问题，可以分为遭受外网攻击及内网攻击。在对网络攻击进行上述分析和识别的基础上，用户应当认真制订有针对性的策略。明确安全对象，设置强有力的安全保障体系。有的放矢，在网络中层层设防，发挥网络的每层作用，使每一层都成为一道关卡，从而让攻击者无隙可钻、无计可使。还必须做到未雨绸缪，以预防为主，将重要的数据备份并时刻注意系统运行状况。针对众多令人担心的网络安全问题，提出如下几点建议：

（1）提高安全意识。

①不要随意打开来历不明的电子邮件及文件，不要随便运行陌生人给的程序，比如"特洛伊"类黑客程序就需要骗用户运行。

②尽量避免从 Internet 下载不知名的软件、游戏程序。即使从知名的网站下载的软件，也要及时用最新的病毒和木马查杀软件对软件和系统进行扫描。

③密码设置尽可能使用字母和数字混排，单纯的英文或数字非常容易穷举。将常用的密码设置不同，防止被查出一个，连带到重要密码。重要密码最好经常更换。

④及时下载安装系统补丁程序。

⑤不随便运行黑客程序，不少这类程序运行时会发出用户的个人信息。

⑥在支持 HTML 的 BBS 上，如发现提交警告，先看原始码，很可能是骗取密码的陷阱。

（2）使用防毒、防黑等防火墙软件。

防火墙是用以阻止网络中的黑客访问某个机构网络的屏障，也可称之为控制进/出两个方向通信的门槛。在网络边界上通过建立起来的相应网络通信监视系统来隔离内部和外部网络，以阻挡外部网络的侵入。

（3）设置代理服务器，隐藏自己的 IP 地址。

保护自己的 IP 地址非常重要。事实上，即便用户的机器上被安装了木马程序，若没有用户的 IP 地址，攻击者也毫无办法，而保护 IP 地址的最佳方法就是设置代理服务器。代理服务器能起到外部网络申请访问内部网络的中间转接作用，其功能类似于一个数据转发器，主要控制哪些用户能访问哪些服务类型。当外部网络向内部网络申请某种网络服务时，代理服务器接受申请，然后根据其服务类型、服务内容、被服务的对象、服务者申请的时间、申请者的域名范围等来决定是否接受此项服务，如果接受，就向内部网络转发这项请求。

（4）将防毒、防黑当成日常工作，定时更新防毒软件，将防毒软件保持在常驻状态，以完全防毒。

（5）由于黑客经常会针对特定的日期发动攻击，计算机用户在此期间应特别提高警惕。

（6）对于重要的个人资料作好严密的保护，并养成资料备份的习惯。

思考与动手

一、填空题

1. Tracert 是_____实用程序，用于确定 IP 数据报访问目标所采取的路径。
2. 防火墙的主要类型有_____防火墙、_____防火墙和数据库防火墙。
3. 网络上常见的攻击方式有_____、_____、_____和通过聊天软件攻击等。

二、简答题

1. 什么是网络管理？网络管理的目的什么？
2. 网络攻击的种类有哪些？
3. 安全防护措施有哪些？

三、实验操作题

1. 请查看本机的 TCP/IP 设置。并抄下当前正在使用的网络连接的 IP 地址、子网掩码、网关、首选 DNS 服务器的地址、备用 DNS 服务器的地址和网卡的 MAC 地址。
2. 请测试局域网中一台名为"liuhaojie"计算机的连通性。
3. 请在一个现有的网络段 192.168.100.x 中划分几个子网。
4. 请查看 Telnet 的常用参数。
5. 请查看到网站 www.163.com 所经过的路由及使用时间（见图 6-22）。

```
C:\WINDOWS\system32\cmd.exe                                          _ □ ×

C:\Documents and Settings\Administrator>tracert www.163.com

Tracing route to 163.xdwscache.glb0.lxdns.com [183.57.144.43]
over a maximum of 30 hops:

  1     1 ms     1 ms     1 ms   10.3.113.129
  2     2 ms     2 ms     2 ms   10.41.0.1
  3     2 ms     3 ms     4 ms   10.41.8.1
  4     3 ms       *      1 ms   59.38.32.129
  5     4 ms     4 ms     4 ms   183.59.0.230
  6     7 ms     4 ms     4 ms   183.59.13.153
  7     9 ms     7 ms     7 ms   183.61.221.142
  8     9 ms     6 ms       *    183.56.96.102
  9     9 ms     8 ms     6 ms   214.72.145.61.broad.fs.gd.dynamic.163data.com.cn
[61.145.72.214]
 10     6 ms     6 ms     6 ms   183.57.144.43

Trace complete.
```

图6-22　tracert www.163.com

6. 请用 Ping 命令，测试网络是否连通。
7. 现有 FTP 服务器一台，IP 地址为 192.168.0.1，端口为 21，它的主目录为 C 盘的 FTP 文件夹，需要将服务器设置为不允许匿名连接。
8. 为 D 盘中的"Folder1"共享文件夹设置访问权限为"读取"。

Internet的接入方式

● 了解 Internet 接入的基本概念。

● 了解接入 Internet 的几种方法。

● 掌握 Internet 接入的分类和配置方法。

任务7-1　将局域网接入到Internet

 任务解读

某商贸公司主要经营各种商品的贸易活动。公司局域网通过路由器接入 Internet，公司员工一人一机。

公司内部局域网分为两部分，一部分为非军事区（DMZ），该区开放服务给 Internet 上的用户。另一部分为内部局域网，公司内部的 Web 服务器、邮件服务器、员工用计算机均在内部局域网内。

内部局域网的用户可以访问 Internet 和 DMZ 区，但是 DMZ 区的用户只能访问 Internet，不能访问内部局域网，即使 DMZ 区的应用服务器被攻击，也将范围限制在 DMZ 区内，而不能扩展到内部局域网。这样，在公司外部客户通过 Internet 阅读商品资料的同时，也能保障内部局域网的安全。

在实际工作中，领导要求在对待内部员工的接入 Internet 控制上，通过相关软件的控制，可以让部分员工使用 Internet 的全部功能，部分员工只能使用电子邮件。在开放 Internet 的计算机中，上网带宽也被限制。将此要求反映到 IT 部门，IT 部门立即给出回复，建议先通过专线连接 Internet，专线的另一端连接到与 Internet 连通的某个区域计算机网，还必须向相应的 ISP 申请正式的 IP 地址并注册自己的计算机域名。

由于公司员工不熟悉网络知识，IT 部门的回复又过于简单，导致公司员工对此回复不知如何下手，希望读者能帮他们解决这个问题。

学习领域

家庭用户或单位用户要接入互联网，可通过某种通信线路连接到 ISP，由 ISP 提供互联网的入网连接和信息服务。将计算机接入 Internet，首先要了解 Internet 接入的基本概念，还有接入网的功能结构图，并熟悉接入到 Internet 的基本方式，根据用户的需求来选择接入 Internet 的方式，如可以通过类似路由器这样的硬件设备上网，也可以用 Windows 的 Internet 连接共享，或者用网关类软件、代理服务器软件等接入 Internet。不过，它们的原理都是相同的。

任务实施

在将局域网接入 Internet 时，应先设计好公司接入 Internet 方案的拓扑图；再采用专线连接 Internet，购买一个路由器，设置防火墙和 DMZ 区，并根据实际需要，灵活控制局域网内不同用户对 Internet 的不同访问权限。

Step 01 现对公司的要求进行需求分析。

公司外部客户需要通过 Internet 及远程访问功能调用商品说明，需要有足够的带宽提供给测试服务器和邮件服务器使用，需要 24 小时在线，可供公司内部用户上网，使用专线接入 Internet 是一个不错的选择。所谓专线接入 Internet，是指在提供网络服务的服务器与用户的计算机之间通过路由器建立一条网络专线，24 小时享受 Internet 服务。

公司局域网通过专线连接 Internet 时，专线的另一端连接到与 Internet 连通的某个区域性计算机网或国家级的公共数据交换网络。要正式成为 Internet 的一部分，除要有专线连接外，还必须向相应的 ISP 申请正式的 IP 地址并注册自己的计算机域名。申请专线接入 Internet 时，通常选择包月或包年的计费方式。即不管上网时间长短，付出的上网费是固定的。

① 需要让公司的客户及商品代理商能够通过 Internet 登录公司的 Web 服务器来调用商品文档。然而公司对内部局域网安全极为重视，希望在开放相应的 Web 服务器时保障整个内部局域网的安全，保障公司的数据不被非法窃取。

② 对内部用户使用 Internet 进行管理，对某些员工开放上网权限，对某些员工的上网进行限制，让其不能访问 Internet 或只能使用某些功能，并对某些上网用户的使用带宽进行限制，防止如大量下载等占用带宽的行为，保证公司的关键业务能有效地使用 Internet。

Step 02 先设计出针对商贸公司通过专线接入 Internet 方案的拓扑图（见图 7-1）。

选择拓扑结构时，一般需要考虑以下几个因素：

- 安装难易程度。
- 重新配置难易程度，即适应性、灵活性。
- 网络维护难易程度，系统可靠性。
- 建设费用，即经济性。

方案中局域网规模可大可中，配置灵活。设备选择上也十分灵活，有多种设备可供选择。规模可根据实际任意调节，相关技术十分成熟。其主要特点如下：

① 可根据实际需要，灵活控制局域网内不同用户对 Internet 的不同访问权限。

② 防火墙可过滤掉所有来自外部的异常信息包，以保护内部局域网的信息安全。

③ 可以采用集成 DHCP 服务器，网络中所有计算机可以自动获得 TCP/IP 设置，免除手工配置 IP 地址的烦恼。

④ 灵活的可扩展性，根据实际连接的计算机数利用交换机进行相应的扩展。

⑤ 经济适用，使用简单，可通过网络用户的 Web 浏览器进行路由器的远程配置。

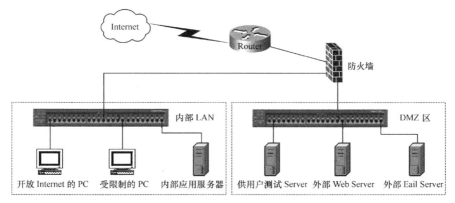

图7-1 公司通过专线接入Internet方案拓扑图

随着宽带 Internet 网络的普及，同时信息化的发展正在改变着企业传统的运作方式。越来越多的企业在逐步依靠计算机网络和网络应用系统来开展业务，同时利用 Internet 来开展更多的商务活动。

Step 03 购买专用路由器和相关设备进行连线布置网络。

Step 04 向相应的 ISP 申请正式的 IP 地址并注册自己的计算机域名。

ISP 的英文含义是 Internet Service Provider，即 Internet 服务（包括连接和应用）的提供者。

它的作用如下：

- 接纳用户入网。
- 可以与 Internet 互连。
- 拥有或间接拥有 IP 地址的分配权和域名管理权。
- 提供各种应用服务。
- 为用户的连接和应用提供技术支持和服务。

国内主要的 ISP 如表 7-1 所示。

表7-1 国内主要的ISP

ISP名称	特服号	提供的带宽
中国电信	163与169	主干网（180Gbps）国际出口（1234Mbps）
中国联通	165	主干网（180Gbps）国际出口（1234Mbps）
中国吉通	167	主干网（180Gbps）国际出口（1234Mbps）
中国网通		主干网（180Gbps）国际出口（1234Mbps）
首都在线	263	596Mbps与CHINANET互连
中国万网		600Mbps与CHINANET互连
世纪互连		922Mbps与CHINANET互连
首创网络		1Gbps与CHINANET互连

域名注册是 Internet 中用于解决地址对应问题的一种方法。域名注册遵循先申请先注册原则，管理机构对申请人提出的域名是否违反第三方的权利不进行任何实质审查。每个域名都是独一无二、不可重复的。因此，在网络上，域名是一种相对有限的资源，它的价值将随着注册企业的增多而逐步为人们所重视。

7.1 Internet接入的基本概念

从信息资源的角度来讲，互联网是一个集各部门、各领域的信息资源为一体的，供网络用户共享的信息资源网。家庭用户或单位用户要接入互联网，可通过某种通信线路连接到 ISP，由 ISP 提供互联网的入网连接和信息服务。互联网接入通过特定的信息采集与共享的传输通道，利用以下传输技术完成用户与 IP 广域网的高带宽、高速度的物理连接。

ITU-T G.902 定义：接入网是由 SNI 和 UNI 之间的一系列传送实体组成的，为传送电信业务提供所需传送承载能力的实施系统，经由 Q3 接口配置和管理。

接入网（AN）由 3 个接口来定义边界：通过 UNI 与 UTE 相连；通过 SNI 与 SN 相连；通过 Q3 与 TMN 相连。

1．接入网的功能结构

接入网的功能结构如图 7-2 所示。

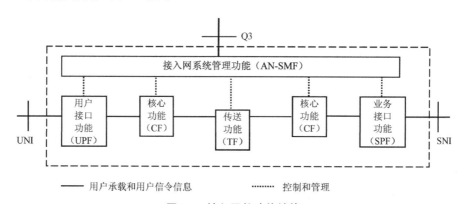

图7-2　接入网的功能结构

接入网有 5 个基本功能，包括用户接口功能（UPF）、业务接口功能（SPF）、核心功能（CF）、传送功能（TF）和接入网系统管理功能（AN-SMF）。各种功能模块之间的关系如图 7-2 所示。

（1）用户接口功能（UPF）

用户接口功能是将特定 UNI 的要求与核心功能和管理功能相适配。具体功能有：① 终结 UNI 功能；② A/D 变换和信令转换功能；③ UNI 的激活与去激活功能；④ UNI 承载通路 / 承载能力处理功能；⑤ UNI 的测试和用户接口的维护、管理和控制功能。

（2）业务接口功能（SPF）

业务接口功能是将特定 SNI 的要求与公用承载通路相适配，以便核心功能处理，并选择有关的信息用于 AN-SMF 的处理。具体功能有：① 终结 SNI 功能；② 把承载通路要求、时限管理和运行要求及时映射进核心功能；③ 特定 SNI 所需的协议映射功能；④ SNI 的测试和 SPF 的维护、管理和控制功能。

（3）核心功能（CF）

核心功能处于 UPF 和 SPF 之间，承担各个用户接口承载通路或业务接口承载通路的要求与公用承载通路相适配。核心功能可以分布在整个接入网内，具体功能有：① 接入承载通路处理功能；② 承载通路的集中功能；③ 信令和分组信息的复用功能；④ ATM 传送承载通路的电路模拟功能；⑤ 管理和控制功能。

（4）传送功能（TF）

传送功能为接入网中不同地点之间公用承载通路的传送提供通道，同时为相关传输媒质提供适配功能。主要功能有：① 复用功能；② 交叉连接功能；③ 物理媒质功能；④ 管理功能。

（5）接入网系统管理功能（AN-SMF）

通过 Q3 接口或中介设备与电信管理网接口，协调接入网的各种功能的提供、运行和维护。具体功能有：① 配置和控制功能；② 业务提供的协调功能；③ 用户信息和性能数据收集功能；④ 协调 UPF 和 SN 的时限管理功能；⑤ 资源管理功能；⑥ 故障检测和指示功能；⑦ 安全控制功能。

2．接入网的分层

（1）电路层：直接为用户提供各种业务，如电路模式、分组模式、帧中继模式和 ATM 模式。
（2）通道层：为电路层提供传输通道。
（3）传输媒体层：金属线、光纤和无线。

3．接入网的接入类型

（1）PSTN、N-ISDN（公共电话、窄带综合业务）。
（2）B-ISDN（宽带 ISDN）。
（3）永久性租用线接入（企业专线租用如金融）。
（4）数据业务接入类型（计算机宽带数据）。
（5）广播接入类型（CATV）。
（6）交互式电视图像接入类型（双向数字电视）。

4．接入网的综合业务

（1）语音业务

从 20 世纪 80 年代开始，随着通信技术的发展，在传统的话音电话上开发了许多新业务，如可视电话、IC 卡电话、移动电话、IP 电话、智能网电话。在程控交换机上开发了缩位拨号、叫醒电话、三方通话、呼叫等待、呼叫转移、呼叫限制、追查恶意呼叫等服务业务，以满足用户的需求。

（2）数据业务

- 数据检索业务。
- 数据处理业务。
- 电子邮件业务。
- 电子数据业务（EDI）。

（3）图像通信类

图像业务是指通过电信网传送、存储、检索或广播图像与文字等视觉信息的业务。它具有形象、直观、生动等特点。图像业务可分为静态和动态两类。静态图像业务包括传真、可视图文、电视图文广播等；动态图像业务包括可视电话、广播电视、高清晰度电视等。对普通用户而言，目前普遍需要的是电视业务。

（4）多媒体业务

- 点播电视（VOD）业务。
- 居家办公业务。
- 居家购物业务。
- 远程教育业务。
- 远程医疗业务。
- 多方可视游戏业务。

5．接入网接口

AN 有 3 种接口：用户网络接口 UNI、业务节点接口 SNI 和 Q3。

（1）用户网络接口 UNI

接入网的用户侧经由 UNI 与用户相连，不同的 UNI 支持不同的业务，UNI 主要包括 PSTN 模拟电话接口（Z 接口）、ISDN 基本速率接口（BRI）、ISDN 基群速率接口（PRI）和各种专线接口。

（2）业务节点接口 SNI

接入网的网络侧经由 SNI 与业务节点相连，SNI 同样有模拟接口（Z 接口）和数字接口（V 接口）。Z 接口对应于 UNI 的模拟 2 线音频接口，可提供普通电话业务。随着接入网的数字化和业务的综合化，Z 接口逐渐被 V 接口取代。

V 接口经历了 V1~V5 接口的发展。其中，V1~V4 接口的标准化程度有限，并且不支持综合业务接入。V5 接口是本地数字交换机与接入网之间开放的、标准的数字接口，支持多种类型的用户接入，可提供语音、数据、专线等多种业务，支持接入网提供的业务向综合化方向发展。目前，SNI 普遍采用 V5 接口。

V5 接口包括 V5.1 接口和 V5.2 接口。每个 V5.1 接口只提供 1 条 2.048 Mbps 链路，固定时隙分配，不支持一次群速度接入，无集线和切换保护功能。每个 V5.2 接口最多可提供 16 条 2.048 Mbps 链路，动态时隙分配，支持一次群和租用线业务，配置数量为偶数，有集线和切换保护功能。

（3）Q3 管理接口

Q3 管理接口是操作系统（OS）和网络单元（NE）之间的接口，该接口支持信息传送、管理和控制功能。在接入网中，Q3 接口是 TMN 与接入网设备各个部分相连的标准接口。通过 Q3 管理接口来实施 TMN 对接入网的管理和协调，从而提供了用户所需的接入类型和承载能力。

6．接入网的特点

① 具备复用、交叉连接和传输的功能，一般不具备交换功能。
② 提供各种综合业务。
③ 组网能力强。
④ 光纤化程度高。
⑤ 对环境的适应能力强。
⑥ 全面的网管功能。
⑦ 接入网结构变化大，网径大小不一。
⑧ 接入网成本与用户有关，但与业务量基本无关。

7.2　接入Internet的几种方法

7.2.1　Internet接入的分类

ISP 就是为用户提供 Internet 接入和 Internet 信息服务的公司和机构。由于接入国际互联网需要租用国际信道，其成本是一般用户无法承担的。Internet 服务提供商做了提供接入服务的中介，需投入大量资金建立中转站，租用国际信道和大量的当地电话线，购置一系列计算机设备，通过集中使用、分散压力的方式，向本地用户提供接入服务。从某种意义上讲，ISP 是全世界的用户通往 Internet 的必经之路。

选择一个好的 ISP，应从以下几个方面进行选择：入网方式、出口速率、服务项目、收费标准和服务管理。如果用户已经选定 ISP，并向 ISP 申请入网，那么 ISP 应该向用户提供如下信息：
① ISP 入网服务电话号码（Modem 接入时呼叫的电话号码）。
② 用户账号（用户名、ID）。
③ 密码。
④ ISP 服务器的域名。
⑤ 所使用的域名服务器的 IP 地址。
⑥ ISP 的 NNTP 服务器地址（新闻服务器的 IP 地址）。

⑦ ISP 的 SMTP 服务器地址（邮件服务器的 IP 地址）。

这些信息是接入 Internet 的必需信息，在以后安装配置使用 Internet 软件工具时将需要这些信息。

将局域网接入 Internet 其实就是将局域网中的一台计算机接入 Internet，然后其他用户共享上网。在对等网中，用户可以选择任何一台计算机接入 Internet；而在服务器/客户机模式的局域网中，接入 Internet 的计算机通常是代理服务器或 NAT 服务器。

1. 从实现途径上划分

（1）硬件方式

硬件方式通过路由器、宽带路由器、内置路由功能的 ADSL Modem 等实现局域网接入 Internet。使用硬件方式，局域网接入 Internet 的效果好，但是这种方法投资稍高，一般设置也稍麻烦。

（2）软件方式

软件方式主要通过代理服务器类与网关类软件实现。常用的有 WinRoute、Wingate、Sygate、CCproxy、Usergate、Spoonproxy、HomeShare、WinProxy、Superproxy 及 SinforNAT 等，还有 Windows 系统自带的 ICS。这些软件中有些是免费的，虽然方便性不如硬件方式，但能对网络进行有效的管理和控制。

2. 从服务器工作方式上划分

（1）无服务器方式

无服务器方式即不需要任何一台计算机充当服务器，是最理想的一种局域网接入 Internet 的方式。实际上，无服务器方式并不是真正的无服务器，而是由非计算机的网络设备充当服务器（如路由器、带路由功能的 ADSL Modem 等）。

无服务器接入 Internet 方式的实现需要依赖于一定的硬件设备和 ISP 提供的连接方式，在虚拟拨号的条件下，还需要路由设备中内置有拨号软件。

（2）单服务器方式

单服务器方式是指采用一台固定的计算机作为接入 Internet 的服务器（网关）的局域网接入 Internet 的方式。一般是在无法实现无服务器共享上网的情况下才采用的下策，但也常见于为方便网络管理而使用的情况，如机房和网吧。这种方式下，服务器必须能经受长时间运行的考验，并借助软件或系统内置功能实现。

（3）多服务器方式

多服务器方式是指每台（或多台）计算机都能随时充当服务器的局域网接入 Internet 的方式，是前两者的折中方案。

由于多台计算机都要能够随时担当起服务器的角色，所以必须采用单网卡方式接入

Internet，并且不方便使用客户端软件，这就要求所用的软件要支持单网卡、可以无客户端。这样一来，符合条件的软件就寥寥无几了，主要有 Sygate、Homeshare 等少数几个。

由于各地上网连接方式的不同及 ISP 对共享上网的限制，有可能在当地条件下很难找到满意的共享上网方案，这就需要用户从实际的网络环境分析，利用自己所掌握的网络知识，因地制宜地找出解决办法。

3. 从连接方式划分

局域网接入 Internet 的连接方式有如下 3 种：
- 电话拨号仿真终端接入 Internet。
- SLIP/PPP 接入 Internet。
- 专线连接（即网络）接入 Internet。

局域网接入方式的网络结构示意图如图 7-3 所示。

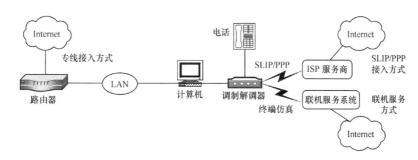

图7-3 局域网接入方式的网络结构示意图

（1）电话拨号仿真终端接入 Internet 方式

这是用户进入 Internet 最简单的方式，通过电话拨号进入一个提供 Internet 服务的联机服务系统，通过联机服务系统使用 Internet 服务。它提供电子邮件、新闻组及一些基本的文件传输。

在这种方式中，用户的计算机是作为 ISP 主机的仿真终端而工作的，并未与 Internet 直接相连，因此是一种间接连接模式，并不是 Internet 上的一个节点，也没有 Internet 上对应的 IP 地址。

在联机服务方式下，用户通过拨号登录到 Internet 服务系统后，可运行终端仿真程序借助服务器的功能访问 Internet。这样，用户计算机成为联机服务系统的一个终端，所以此方式又称为联机服务方式。用户计算机与 Internet 之间没有协议，网络服务功能受到一定的限制。

（2）SLIP/PPP 接入 Internet 方式

这是目前采用较为普遍的一种方式，它基于 Internet 的两种协议：串行线路协议（Serial Line Internet Protocol，SLIP）和点到点协议（Point to Point Protocol，PPP）。

SLIP/PPP 方式为用户提供了比联机服务方式更充分的连接。这种方式所需要的硬件与联机服务方式完全一样，唯一不同之处在于这种方式用户机上要安装带有 SLIP/PPP 的 TCP/IP 软件。

由于在用户的计算机上运行了 SLIP/PPP 软件，用户的计算机与 Internet 之间就有了连接性，因此用户机就成为 Internet 上的一台主机（分配有 IP 地址）。连接成功后，用户能够从自己的计算机上直接访问 Internet 提供的全部服务。

串行线路协议 SLIP 是一个 TCP/IP，它用于在两台计算机之间通信。通常计算机与服务器连接的线路是串行线路，而不是多路线路或并行线路。服务器提供商可以提供 SLIP 连接，这样服务器可以响应用户的请求，并将请求发送到网络上；然后将网络返回的结果发送全用户的计算机。不过，SLIP 逐渐被功能更好的点对点协议 PPP 所取代。

点对点协议 PPP 是用于串行接口的两台计算机的通信协议，是为通过电话线连接计算机和服务器进行彼此通信而制定的协议。网络服务提供商可以提供点对点连接，这样提供商的服务器就可以响应用户的请求，接收用户的请求并将其发送到网络上，然后将网络上的响应送回。

PPP 使用 IP 协议，有时它被认为是 TCP/IP 协议族的一员。PPP 是可用于不同传输介质包括双绞线、光纤和卫星传输的全双工协议，它使用 HDLC 进行包的装入。PPP 既可以处理同步通信也可以处理异步通信，可以允许多个用户共享一个线路，又可进行 SLIP 所没有的差错控制。

（3）专线连接接入 Internet 方式

以上两种连接方式都属于用户与 Internet 间接连接的方式。专线连接方式是与 Internet 直接连接的模式，局域网中核心交换机通过光纤使用 IP 地址接入 Internet。与前两种方式相比，专线连接方式的费用比较贵，但它支持用户以高速方式入网，并可以使用 Internet 提供的所有服务功能；这种方式适合单个机构连接 Internet 时使用。

专线连接方式有 3 种实现方法：①自己铺设专线，这种方法一次性投入非常高，很少有人采用；②向邮电部门租用专线，这种方法其费用除初始开通费外，与使用时的信息传输量无关，是目前常采用的一种方法；③采用无线通信，这种方法的优点是投资比较省，但管理比较麻烦，另外还受传输距离的限制。

目前国内常见的几种接入 Internet 的方式及特点如表 7-2 所示。

表7-2　国内常见的几种接入Internet的方式及特点

接入方式	速度/bps	特　点
LAN接入	10M~100M	如小区宽带、单位网络
电话拨号	56k	方便、速度慢
ISDN	128k	较方便、速度慢
ADSL	512k~8M	方便且速度较快
Cable Modem	8M~48M	利用闭路电视线、速度快
DDN	128k~2M	费用较高、速度较快
光纤	≥ 100M	速度最快、稳定、成本高

7.2.2　通过路由器接入

目前不少企业都已建好了内部局域网，但随着互联网时代的到来，仅搭建局域网已经不能满足众多企业的需要，有更多的用户需要在 Internet 上发布信息，或进行信息检索，将企业内联网接入 Internet 已经成为众多企业的迫切要求。将局域网接入 Internet 有很多方法，如采用 ISDN（或普通电话拨号）＋代理服务器软件 Wingate 或网关服务器软件 Sygate、DDN 专线等。DDN 专线具有如下优点：① DDN 是同步数据传输网，不具备交换功能；② 传输速率高，网络时延小；③ DDN 为全透明网，可支持网络层以及其上的任何协议，从而可满足数据、图像、声音等多种业务的需要。随着电信资费的调整，采用 DDN 专线成为理想的选择。随着 Internet 网络的迅速发展，IP 地址短缺已成为一个十分突出的问题。为了解决这一问题，出现了多种解决方案。下面将介绍使用路由器 NAT（Network Address Translation）服务来解决这一问题时路由器的处理过程及配置方法。

1. NAT 简介

NAT 就是在局域网内部网络中使用内部地址，而当内部节点要与外部网络进行通信时，就在网关处，将内部地址替换成公用地址，从而在外部公网（Internet）上正常使用，NAT 可使多台计算机共享 Internet 连接，这一功能很好地解决了公共 IP 地址紧缺的问题。

通过这种方法，只申请一个合法 IP 地址，就把整个局域网中的计算机接入 Internet 中。这时，NAT 屏蔽了内部网络，所有内部网计算机对于公共网络来说是不可见的，而内部网计算机用户通常不会意识到 NAT 的存在。

这里提到的内部地址，是指在内部网络中分配给节点 的私有 IP 地址，这个地址只能在内部网络中使用，不能被路由（一种网络技术，可以实现不同路径转发）。虽然内部地址可以随机挑选，但是通常使用如下地址：10.0.0.0~10.255.255.255，172.16.0.0~172.16.255.255，192.168.0.0~192.168.255.255。

NAT 将这些无法在互联网上使用的保留 IP 地址翻译成可以在互联网上使用的合法 IP 地址。而全局地址是指合法的 IP 地址，它是由 NIC（网络信息中心）或 ISP（网络服务提供商）分配的地址，对外代表一个或多个内部局部地址，是全球统一的可寻址的地址。

2. NAT 工作过程

假设某公司申请 DDN 专线时，电信提供的合法地址为 61.138.0.93/30、61.128.0.94/30，公司内部网络地址为 192.168.0.0/24，路由器局域口地址为 192.168.0.254/24，广域口地址为 61.138.0.93/30，公司 DDN 专线接入图如图 7-4 所示。

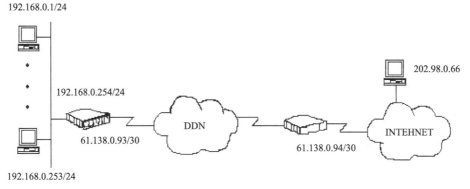

图7-4 公司DDN专线接入图

当 192.168.0.1/24 这台计算机向 Internet 上的服务器 202.98.0.66 发出请求，则相应的操作过程如下：

① 内部主机 192.168.0.1/24 的用户发出到 Internet 上主机 202.98.0.66 的连接请求。

② 边界路由器从内部主机接到第一个数据包时会检查其 NAT 映射表，如果还没有为该地址建立地址转换映射，路由器便决定为该地址进行地址转换。路由器为该内部地址 192.168.0.1 到合法 IP 地址 61.138.0.93 的映射，同时附加端口信息，以区别与内部其他主机的映射。

③ 边界路由器用合法 IP 地址 61.138.0.93 及某端口号来替换内部 IP 地址 192.168.0.1 和对应的端口号，并转发该数据包。

④ INTERNET 服务器 202.98.0.66 接到该数据包，并以该包的地址（61.138.0.93）来对内部主机 192.168.0.1 作出应答。

⑤ 当边界路由器接受到目的地址为 61.138.0.93 的数据包时，路由器将使用该 IP 地址、端口号从 NAT 的映射表中查找出对应的内部地址和端口号，然后将数据包的目的地址转化为内部地址 192.168.0.1，并将数据包发送到该主机。对于每一个请求路由器都重复该步骤。

以上述假设为例，说明在 CISCO 路由器下配置 NAT 功能。以 CISCO 2501 为例，要求其 IOS 为 11.2 版本以上。

```
cisco2501#conf t
cisco2501(config)# int e0
cisco2501(config-if)# ip address 192.168.0.254 255.255.255.0
cisco2501(config-if)# ip nat inside
(指定e0口为与内部网相连的内部端口)
cisco2501(config-if)#int s0
cisco2501(config-if)#encapsulation ppp          (指定封装方式为PPP)
cisco2501(config-if)#ip address 61.138.0.93 255.255.255.252
cisco2501(config-if)# ip nat outside            (指定s0为与外部网络相连的外部端口)
cisco2501(config-if)#exit
cisco2501(config)# bandwidth 128                (指定网络带宽128KB)
cisco2501(config)# ip route 0.0.0.0 0.0.0.0 Serial0    (指定缺省路由)
cisco2501(config)# ip nat pool a 61.138.0.93 61.138.0.93 netmask
255.255.255.252     (指定内部合法地址池，起始地址，结束地址为合法IP 61.138.0.93)
cisco2501(config)# access-list 1 permit 192.168.0.0 0.0.0.255
 (定义一个标准的access-list规则，以允许哪些内部地址可以进行地址转换)
cisco2501(config)# ip nat inside source list 1 pool a overload
 (设置内部地址与合法IP地址间建立地址转换)
cisco2501(config)#end
cisco2501#wr
```

除了 NAT 之外，路由器接入 Internet 还采用了防火墙技术，主要是基于源和目标 IP 地址及端口过滤的防火墙技术。通过防火墙技术，可以在一定程度上使内部的局域网免受外面的攻击，起到一定的安全作用。

7.2.3 代理服务器接入

1. 代理服务器的出现及概念

入网计算机呈爆炸性增长，IP 地址逐渐成为稀缺资源，通过拨号上网或 ADSL 只能获得一个临时的 IP，专线上网的单位也只有有限的 IP，当单位网络规模不断扩大时，IP 地址会渐渐不足。为了解决这个问题，可采用共享上网技术，有如下两种：

① 用应用层的 Proxy 技术。

② 用网络层的 NAT 技术。

代理服务器的英文全称是 Proxy Server，其功能是代理网络用户去取得网络信息。形象地说，它是网络信息的中转站。代理服务器是一台配备了两块以太网网卡的服务器。其中一块网卡接入 Internet，另一块网卡一般和内部局域网互连，使用代理软件来进行代理业务处理。

代理服务器接入是把局域网内的所有需要访问网络的需求，统一提交给局域网出口的代理服务器，由代理服务器与 Internet 上的 ISP 的设备联系，然后将信息传递给提出需求的设备。

2. 代理服务器的工作原理

Proxy Server 的工作原理是：当客户在浏览器中设置好 Proxy Server 后，使用浏览器访问所有 WWW 站点的请求都不会直接发给目的主机，而是先发给代理服务器。代理服务器接受了客户的请求以后，由代理服务器向目的主机发出请求，并接受目的主机的数据，存于代理服务器的硬盘中，然后再由代理服务器将客户要求的数据发给客户。代理服务器的工作原理如图 7-5 所示。

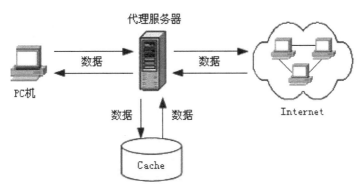

图7-5 代理服务器的工作原理

3. 代理服务器的主要功能

① 提高访问速度。因为客户要求的数据存于代理服务器的硬盘中，因此下次这个客户或其他客户再要求相同目的站点的数据时，就会直接从代理服务器的硬盘中读取。代理服务器起到了缓存的作用，对热门站点有很多客户访问时，代理服务器的优势更为明显。

② Proxy 可以起到防火墙的作用。因为所有使用代理服务器的用户都必须通过代理服务器访问远程站点，因此在代理服务器上就可以设置相应的限制，以过滤或屏蔽掉某些信息。

这是局域网网管对局域网用户访问范围限制采用的最常用的办法，也是局域网用户为什么不能浏览某些网站的原因。

③ 通过代理服务器访问一些不能直接访问的网站。互联网上有许多开放的代理服务器，客户在访问权限受限时，如果可以访问代理服务器，并且可以访问目标网站，那就可以突破权限限制。

④ 安全性得到提高。无论是上网聊天还是浏览网站，目的网络只知道访问用户来自代理服务器，而无法知道用户的真实 IP 地址。通过代理服务器可以隐藏自己的 IP 地址，免受黑客攻击。

4．代理服务器的设置

设置代理服务器示意图如图 7-6 所示，即在 IE 窗口单击"工具"→"Internet 选项"命令，在打开的"Internet 选项"对话框"连接"选项卡中，单击"局域网设置"按钮，打开"局域网设置"对话框。

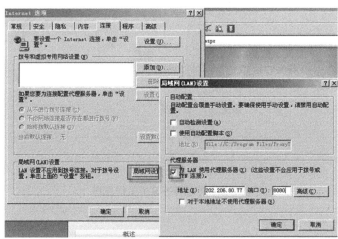

图7-6　设置代理服务器示意图

可以设置多个代理服务器，如图 7-7 所示。

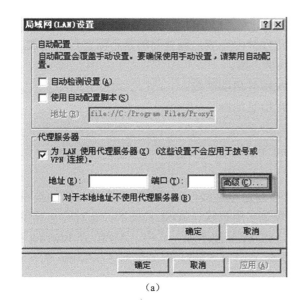
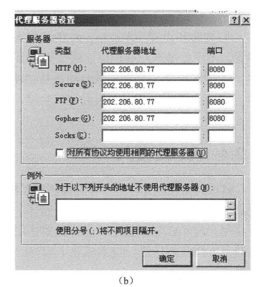

(a)   (b)

图7-7　设置多个代理服务器

5．代理服务器的类型

（1）HTTP 代理：代理客户机的 HTTP 访问，主要代理浏览器访问网页。

（2）FTP 代理：代理客户机上的 FTP 软件访问 FTP 服务器。

（3）RTSP 代理：代理客户机上的 Real Player 访问 Real 流媒体服务器，其端口一般为 554。

（4）POP3 代理：代理客户机上的邮件软件用 POP3 方式收发邮件，端口一般为 110。

（5）Socks 代理：Socks 代理与其他类型的代理不同，它只是简单地传递数据包，而并不关心是何种应用协议，所以 Socks 代理服务器比其他类型的代理服务器速度要快得多。

6．常用代理服务器软件

（1）ICS 服务

ICS（Internet Connection Share），即因特网连接共享，是 Windows 2000/XP 为家庭网络或小型办公网络接入 Internet 提供的一种 Internet 连接共享服务。ICS 允许网络中有一台计算机通过接入设备接入 Internet，通过启用这台计算机上的 ICS 服务，网络中的其他计算机就可以共享这个连接来访问 Internet 的资源。

ICS 实际上相当于一种网络地址转换器，ICS 使用私有网络 192.168.0.0，子网掩码为 255.255.255.0。

对于向外发出的数据包，ICS 将源 IP 地址和源 TCP/UDP 端口号转换成一个公共的源 IP 地址和可能改变的端口号；对于流入内部网络的数据包，ICS 将目的地址和 TCP/UCP 端口转换成私有 IP 地址和最初的 TCP/UDP 端口号。

（2）Sygate 代理软件

Sygate 代理软件特别适用于中小网络，它支持 Windows 2000/XP、UNIX 等多种操作系统。

Sygate 具有如下特点：

① 安装和设置简单。Sygate 的安装可以在几分钟内完成，最重要的是不需要任何附加的设置。不用安装客户端也可以通过代理服务器共享上网。

② 能根据访问要求提供自动拨号功能，以及超时自动断线。

③ 安全性好。可以自由设定安全规则，防止信息泄漏。

④ 界面友好。

7.2.4 ADSL接入

xDSL 技术是指采用不同的调制方式将信息在普通电话线（双绞铜线）上高速传输的技术，包括：高比特数字用户线（HDSL）技术、单线对数字用户线（SDSL）技术、非对称（异步）数字用户线（ADSL）技术、甚高速数字用户线（VDSL）技术等。其中，ADSL 在 Internet 高速接入方面应用广泛、技术成熟；VDSL 在短距离（0.3~1.5 km）内提供高达 52Mbps 的传输速率。

ADSL（Asymmetric Digital Subscriber Line）称为非对称数字用户线路，它是目前得到普遍应用的 xDSL 技术，它的下行通信速率远远大于上行通信速率，最适用于 Internet 接入和视频点播（VOD）等业务。ADSL 从局端到用户端的下行和用户端到局端的上行的标准传输设计能力分别为 8Mbps 和 640kbps。ADSL 的下行速率受到传输距离和线路情况的影响，处于比较理想的线路质量情况下，在 2.7km 传输距离时，ADSL 的下行速率能达到 8.4Mbps 左右，而在 5.5km 传输距离时，ADSL 的下行速率就会下降到 1.5Mbps 左右。ADSL 宽带接入网示意图如图 7-8 所示。

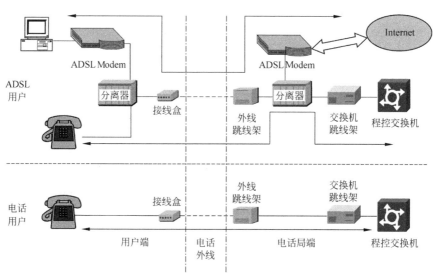

图7-8 ADSL宽带接入网示意图

ADSL 方案不需要改造电话信号传输线路，它只要求用户端有一个特殊的 Modem，即 ADSL Modem。它接到用户的计算机上，而另一端接在电信部门的 ADSL 网络中，将用户和电信部门相连的依然是普通电话线。一般来说，ADSL 方案的传输速度大约是 ISDN 方案的 50 倍，同时它又不需要改制线路的宽带网，因此 ADSL 是目前比较可行的上网加速方案。由于 DDN

的昂贵的接入费用，所以它对一般的家庭用户是不适合的。而 Cable Modem 目前应用的范围非常小，到目前为止在上海只有为数不多的小区在搞试点，估计到推出还有相当长的时间。从上述介绍中可以看出，ADSL 方案有着非常显著的优势，它无疑将会是未来家庭的好选择。

1．ADSL 的定义

ADSL 是 xDSL 的一种。xDSL 是 DSL（Digital Subscriber Line）的统称，意思是数字用户线路，是以铜质电话线为传输介质的传输技术的组合，其中"x"代表着不同种类的数字用户线路技术，包括 ADSL、HDSL、VDSL、SDSL 等。各种数字用户线路技术的不同之处主要表现在信号的传输速率和距离，还有对称和非对称的区别上。

ADSL 使用普通电话线作为传输介质。虽然传统的 Modem 也是使用电话线传输的，但它只使用了 0~4kHz 的低频段，而电话线理论上有接近 2MHz 的带宽，ADSL 正是使用了 26kHz 以后的高频才能提供如此高的速度。具体工作流程是：经 ADSL Modem 编码后的信号通过电话线传到电话局后再通过一个信号识别 / 分离器，如果是语音信号就传到交换机上，如果是数字信号就接入 Internet。

2．ADSL 的功能和标准

ADSL 设计的目的有两个：高速数据通信和交互视频。高速数据通信功能可以为因特网上的访问、公司远程计算机的管理或专用网络的应用带来便利。而交互视频包括在高速网络上实施的视频点播、电影、游戏等，毋庸置疑，交互视频的广泛应用必定会为人们的生活带来更多色彩。

一直以来，ADSL 有着 QAM、CAP 和 DMT 三种常见标准。其中 DMT 标准已经被 ANSI 标准化小组制定的国家标准所采用。CAP 标准是以 QAM 标准为基础发展而来的，可以说 CAP 标准是 QAM 标准的一个变种。尽管 CAP 不是标准，但它由 AT&Tparadyne 发明，已经在通信中广为应用。除了上述标准之外，近来谈论很多的 G.Lite 标准也被业界看好。正因为长期以来的标准不统一也导致了 ADSL 迟迟没有流行起来。DMT 和 G.Lite 两种标准各有所长，分别适用于不同的领域。DMT 是全速率的 ADSL 标准，支持 8Mbps 高速下行和 1.5Mbps 上行速率，但是 DMT 要求用户端安装 POTS 分离器，比较复杂，如爱立信 ADSL Modem 采用的就是支持 DMT 标准。而 G.Lite 标准虽然速率较低，即下行速率为 1.5Mbps 和上行速率为 512kbps，但由于省去了复杂的电话分离器，因此用户可以像使用普通 Modem 一样，直接从商店购买，然后自己就可以进行简单的安装。就适用领域而言，DMT 适用于小型或家庭办公室，而 G.Lite 则适用于普通家庭用户。

3．ADSL 的速率

在采用 ADSL 方案后，从理论上来讲，ADSL 在双绞铜线上支持的上传速率为 640kbps~1Mbps，下载速率为 1Mbps~8Mbps，有效传输距离为 3~5km。但在实际应用中，它还可以根据双绞铜线的质量优劣和传输距离的远近动态来调整用户的访问速度。用户所能享受到的下载实际速率，是由所使用的 Modem 型号，用户端到通信中心的距离，线缆尺寸，以及干扰等多种因素来决定的，从 10kbps~640kbps 不等。传输速率的提高给用户带来的最直接的利益就是，节省了大量时间和金钱。另外 ADSL 采用了先进的运算法，用其特有的调制解调硬件来连接现有的双绞线连接的各端，并创建具有三个信道的管道。该管道具有一个高速下传信道至用户端，一个中速双工信道和一个 POTS 信道，POTS 信道用以即使 ADSL 连接失败了，语音通信仍能正常运转。高速和中速信道均可以复用以创建多个低速通道。在高速和中速信道的速率实际情况使用中，用户可以在进行数据下载或数据上送的同时进行语音电话或发传真的工作，而这将不会影响通话质量或降低下载 Internet 内容的速度，也就是说 ADSL 是利用电话语音传输以外的频率进行数据传输的。

4．ADSL 的接入模型及设备的安装

（1）ADSL 的接入模型

ADSL 的接入模型主要由中央交换局端模块和远端模块组成，如图 7-9 所示。

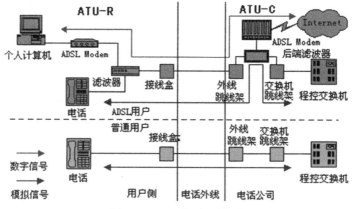

图7-9　ADSL的接入模型

中央交换局端模块包括在中心位置的 ADSL Modem 和接入多路复合系统，处于中心位置的 ADSL Modem 被称为 ATU-C（ADSL Transmission Unit-Central）。接入多路复合系统中心的 Modem 通常被组合成一个接入节点，也称作"DSLAM"（DSL Access Multiplexer）。远端模块由用户 ADSL Modem 和滤波器组成，用户端 ADSL Modem 通常被称为 ATU-R（ADSL Transmission Unit-Remote）。以太网接口外置式 ADSL Modem 接入图和 USB 接口外置式 ADSL Modem 接入图如图 7-10 和图 7-11 所示。

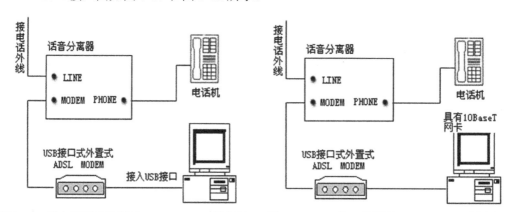

图7-10　以太网接口外置式ADSL Modem接入图　　图7-11　USB接口外置式ADSL Modem接入图

（2）ADSL 设备的安装

ADSL 的安装包括局端线路调整和用户端设备安装。在局端方面，由服务商将用户原有的电话线中串接入 ADSL 局端设备，只需两三分钟；用户端的 ADSL 安装也非常简易方便，只要将电话线连上滤波器，滤波器与 ADSL Modem 之间用一条两芯电话线连上，ADSL Modem 与计算机的网卡之间用一条交叉网线连通即可完成硬件安装，再将 TCP/IP 协议中的 IP、DNS 和网关参数项设置好，便完成了安装工作。

安装 ADSL 无须改动电话线，只在原有的电话线上加载一个复用设备即可，所以用户不必再增加一条电话线。在使用 ADSL 时，用户必须使用名为终点（endpoint）的特制 Modem，紧接在这部 Modem 之后，用户的计算机需要安装一块普通网卡连接这个 Modem，所以这个 Modem 就像是装在网路端一样，而内置插卡的就不需要再接网卡。

另外有许多 ADSL Modem 已将这两项功能结合为一，成为一片内接式的多功能卡。而许多传统 Modem 大厂如 Hayes、3Com、globalBillage、ParGain 等都有生产这种终点型的 Modem。

5．ADSL 的应用及前景

ADSL 在开发初期，是专为视像节目点播而设计的，具有不对称性和高速的下行通道。目前 ADSL 主要提供 Internet 高速宽带接入的服务，用户只要通过 ADSL 接入，访问相应的站点便可免费享受多种宽带多媒体服务。

随着 ADSL 技术的进一步推广应用，ADSL 接入还将可以提供点对点的远程医疗、远程教学和远地可视会议等服务。当然 ADSL 并非十全十美，它一样也有自己的缺点。首先是现有 ADSL 调制解调器价格昂贵，再就是合理收费制度的建立是 ADSL 所面临的重大问题。另外，ADSL 对于不同质量的线路，其表现也有较大的差异，例如，在质量较差的线路上，其下行速率可能只达到 1Mbps。

业界许多专家都坚信，以 ADSL 为主的 xDSL 技术终将成为铜双绞线上的赢家，目前采用普通拨号 Modem 及 N-ISDN 技术接入的方式将逐步过渡到 ADSL 等宽带接入方式，并最终实现光纤接入。

7.2.5 其他方式接入

1．PSTN 公共电话网

PSTN（Public Switched Telephone Network）定义为公共交换电话网络，是一种常用的旧式电话系统，即人们日常生活中常用的电话网。PSTN 是一种以模拟技术为基础的电路交换网络，如图 7-12 所示。

在众多的广域网互连技术中，PSTN 是最容易实施的方法，费用低廉。只要一条可以连接 ISP 的电话线和一个账号就可以。但缺点是传输速度低，线路可靠性差。适合对可靠性要求不高的办公室及小型企业。如果用户多，可以多条电话线共同工作，提高访问速度。

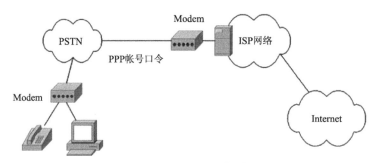

图7-12　PSTN公共电话网

通过 PSTN 可以实现如下访问：

① 拨号上 Internet/Intranet/LAN。

② 两个或多个 LAN 之间的网络互连。

③ 和其他广域网技术的互连。

PSTN 提供的是一个模拟的专有通道，通道之间经由若干个电话交换机连接而成。当两个主机或路由器设备需要通过 PSTN 连接时，在两端的网络接入侧（即用户回路侧）必须使用调制解调器（Modem）实现信号的模/数、数/模转换。从 OSI 七层模型的角度来看，PSTN 可以看成物理层的一个简单的延伸，没有向用户提供流量控制、差错控制等服务。而且，由于 PSTN 是一种电路交换的方式，所以一条通路自建立直至释放，其全部带宽仅能被通路两端的设备使用，即使他们之间并没有任何数据需要传送。因此，这种电路交换的方式不能实现对网络带宽的充分利用。

PSTN 的入网方式比较简便灵活，通常有如下几种：

① 通过普通拨号电话线入网。只要在通信双方原有的电话线上并接 Modem，再将 Modem 与相应的上网设备相连即可。2013 年大多数上网设备，如 PC 或路由器，均提供有若干个串行端口，串行口和 Modem 之间采用 RS-232 等串行接口规范。这种连接方式的费用比较经济，收费价格与普通电话的收费相同，可适用于通信不太频繁的场合。

② 通过租用电话专线入网。与普通拨号电话线方式相比，租用电话专线可以提供更高的通信速率和数据传输质量，但相应的费用也较前一种方式高。使用专线的接入方式与使用普通拨号线的接入方式没有太大的区别，但是省去了拨号连接的过程。通常，当决定使用专线方式时，用户必须向所在地的电信局提出申请，由电信局负责架设和开通。

经普通拨号或租用专用电话线方式由 PSTN 转接入公共数据交换网（X.25 或 Frame-Relay 等）的入网方式。利用该方式实现与远地的连接是一种较好的远程方式，因为公共数据交换网为用户提供可靠的面向连接的虚电路服务，其可靠性与传输速率都比 PSTN 强得多。

2．ISDN 接入

（1）什么是 ISDN

早在 1972 年，国际电报电话咨询委员会推出 ISDN 时，人们就预言它将迅速发展成为网络主流。过了十多年 ISDN 慢慢发展壮大起来，尤其是因特网在 20 世纪 90 年代走红，

ISDN便宜的终端设备，低成本、高带宽的因特网接入，使它越来越受欢迎。

ISDN（综合业务数字网），电信局称之为"一线通"。其实是在电话网基础上发展起来的新一代的电信业务，在一个网络平台上同时实现语音、视频、数据通信，是电话网朝着多功能、多业务、高通信质量方向发展的必然产物。经过20多年在全球的推广，ISDN已经是一种在技术上很成熟、产业标准得到统一的电信服务。

ISDN在接入网络中实现了数字连接。ISDN有两种接口，一种是BRI（又称作N-ISDN，中文叫作"窄带ISDN"）；另一种叫作PRI（又称作B-ISDN，中文叫作"宽带ISDN"）。

对于普通用户来说，ISDN有如下几方面应用：

① 同时接两部电话，彼此独立拨打市话、国内、国际长途电话，计费方式和普通电话一样。

② 一个B信道上因特网，一个B信道打电话，互不干扰，即一"芯"可以两用。

③ 城域网或广域网互连，费用远比DDN、Frame Relay、ATM便宜，或者作为这些链路的备份。

④ 安装可视电话，让远在天涯的亲友展现在眼前，或者作为远程监控。

⑤ 开展电视会议、远程教学、远程医疗等，免去人员奔波劳顿，节约费用。

（2）接入方式

根据接入终端的不同，ISDN BRI目前有三种接入方式：其中TE1为一类终端，是ISDN的标准终端；TE2为二类终端，是ISDN的非标准终端；NT1是网络终端，是用户传输线路的终端装置。TA是终端适配器，能够将非ISDN终端适配为ISDN终端；U点为ISDN局端与用户端的分界点。

目前PRI有两种接入方式：一种是光缆接入方式，另一种是HDSL方式。

（3）协议

ISDN标准的用户－网络接口所具有的呼叫控制功能是以用户－网络间协议的形式规定的。ISDN（30B+D）的第一层（物理层）是以PCM基群的规定为基础制定的。

ISDN用户－网络接口链路层协议称为LAPD（Link Access Procedure on the D channel），即D信道链路接入协议。通常把ISDN链路层和网络层一起称为D通路协议。

（4）通道类型

通道有两种主要类型，一种是信息通道，为用户传送各种信息流；另一种是信令通道，是为了进行呼叫控制而传送的信令信息。

① B通道：64kbps，供用户信息传递用。

② D通道：16kbps（BRI）或64kbps（PRI），供信令和分组数据传输使用。

③ H0通道：384kbps，供用户信息传递用。

④ H11通道：1536kbps，供用户信息传递用。

⑤ H12通道：1920kbps，供用户信息传递用。

（5）应用发展

由窄带ISDN向宽带ISDN的发展，可分为三个阶段。

第一阶段是进一步实现话音、数据和图像等业务的综合。由三个独立的网构成初步综合的 B-ISDN。由 ATM 构成的宽带交换网实现话音、高速数据和活动图像的综合传输。

第二阶段的主要特征是 B-ISDN 和用户—网络接口已经标准化，光纤已进入家庭，光交换技术已广泛应用，因此它能提供包括具有多频道的高清晰度电视（High Definition Television，HDTV）在内的宽带业务。

第三阶段的主要特征是在宽带 ISDN 中引入了智能管理网，由智能网控制中心来管理三个基本网。智能网也可称作智能宽带 ISDN，其中可能引入智能电话、智能交换机及用于工程设计或故障检测与诊断的各种智能专家系统。

B-ISDN 采用的传输模式主要有高速分组交换、高速电路交换、异步传输模式 ATM 和光交换方式 4 种。

① 高速分组交换是利用分组交换的基本技术，简化了 X.25 协议，采用面向连接的服务，在链路上无流量控制、无差错控制，集中了分组交换和同步时分交换的优点，已有多个试验网投入运行。

② 高速电路交换主要采用多速时分交换方式（TDSM），这种方式允许信道按时间分配，其带宽可为基本速率的整数倍。由于这是快速电路交换，其信道的管理和控制十分复杂，尚有许多问题需要继续研究。

③ 光交换技术的主要设备是光交换机，它将光技术引入传输回路，实现数字信号的高速传输和交换。

④ 毫无疑问，ATM 与同步光纤网（SONFT）的结合将构成 21 世纪通信的主体。

3．DDN 专线

数字数据网（Digital Data Network，DDN）是采用数字传输信道传输数据信号的通信网。DDN 以光纤为中继干线网络，用户的终端设备通过数据终端单元（DTU）与就近的节点机相连。

所谓 DDN 专线就是指电信部门将数据电路出租给用户，直接进入电信的 DDN 网络。

DDN 专线实际上是一个半永久性的连接，它是根据用户的需要临时建立的一个固定连接。目前可达到的最高传输速率为 155Mbps，平均时延 ≤ 450μs。

这种方式适合对带宽要求比较高的应用，如企业网站。它的特点是速率比较高，范围为 64kbps~2Mbps。但是，由于整个链路被企业独占，所以费用很高，因此中小企业较少选择。

这种线路优点很多：有固定的 IP 地址、可靠的线路运行、永久的连接等。但是性能价格比太低，除非用户资金充足，否则不推荐使用这种方法。

4．Cable Modem 接入

随着有线电视网的发展壮大和人们生活质量的不断提高，通过 Cable Modem（线缆调制解调器）可利用有线电视网超高速访问 Internet。Cable Modem 利用现成的有线电视（CATV）网进行数据传输，是一种比较成熟的技术。

Cable Modem 连接方式可分为两种：对称速率型和非对称速率型。

5．光纤接入

光纤由于其大容量、保密性好、不怕干扰和雷击、重量轻等诸多优点，正在得到迅速发展和应用。主干网线路迅速光纤化，光纤在接入网中的广泛应用也是一种必然趋势。光纤接入是实现用户高性能宽带接入的一种方案，是未来网络的发展趋势。

目前在一些城市开始兴建高速城域网，主干网速率可达几十 Gbps，并且推广宽带接入。光纤可以铺设到用户的路边或者大楼，可以 100Mbps 以上的速率接入，适合大型企业。

6．卫星接入

目前，国内一些 Internet 服务提供商开展了卫星接入 Internet 的业务，适合偏远地方又需要较高带宽的用户。卫星用户一般需要安装一个甚小口径终端（VSAT），包括天线和其他接收设备，下行数据的传输速率一般为 1Mbps 左右，上行通过 PSTN 或者 ISDN 接入 ISP。终端设备和通信费用都比较低。

7．无线接入

由于铺设光纤的费用很高，对于需要宽带接入的用户，一些城市提供无线接入。用户通过高频天线和 ISP 连接，距离为 10km 左右，带宽为 2~11Mbps，费用低廉；但是受地形和距离的限制，适合城市里距离 ISP 不远的用户，且性能价格比很高。

思考与动手

一、填空题

1．制定接入网标准的机构是_____。迄今已制定了两个标准，这两个标准的名称分别是_____和_____。

2．Last mile 和 First mile 都是对_____的称呼，表示_____和_____之间的接入部分。

3．G.902 建议的接入网标准由_____、_____、_____三个接口界定。

4．现代通信网络的两大基本部件是_____和_____。

5．AN 的英文全称是_____，对应的中文名称是_____。

6．ADSL 和 ISDN 接入技术都是基于_____介质的。ADSL 接入能进行语音和数据同传的原因是_____。

7．PSTN 用户拨号入网方式主要有_____、_____两种方式。

8．接入网可以选择多种接入技术，就传输介质，接入网的技术可以分为_____接入和_____接入两类。

9．接入网具有相对的_____，有自身的一系列标准，依托不同的介质，具有不同的接入技术。

10．接入网的概念最早是由_____提出的。

二、判断题

1．对于电信接入网，用户可以通过信令选择不同的 SN。
2．IP 接入网允许用户动态选择不同的 ISP。
3．电信接入网具有交换功能。
4．电信接入网通过 Q3 接口接入到电信管理网，实施对电信接入网的管理。
5．IP 接入网通过 RP 接口接入到电信管理网，实施对 IP 接入网的管理。

三、简答题

1．简单描述 IP 接入网的三大功能。
2．Last mile 和 First mile 的含义是什么？
3．无线接入技术与有线相互比较的优缺点有哪些？
4．选择电信网络的物理拓扑结构时，一般需要考虑哪些因素？
5．简述接入网的特点。
6．请对比 Modem 接入技术和 ADSL 接入技术，并说明各自的优缺点。

四、实验操作题

1．配置普通电话拨号上网。

提示：（双击）控制面板→打印机和其他硬件→电话和调制解调器选项→从磁盘中安装 Modem 的驱动→添加网络协议→建立拨号连接。

2．配置将局域网通过 DDN 接入 Internet。

提示：

① 先将局域网中的每台机器的 TCP/IP 配置好。

② 通过 Console 口登录上路由器。

③ 登录成功后，进入超级用户模式，进行相应的配置。配置如下

```
Config t                    //进入全局配置模式
Int e0                      //进入e0这个端口
Description the LAN port link to my local network    //对端口进行描述
Ip add 202.192.16.1  255.255.255.0                   //设置端口的IP地址
No shut                     //激活该端口
Int  s0                     //进入s0端口进行配置
Description  the WAN port link to Router1            //对该端口进行描述
Ip add  200.165.42.21 255.255.255.0                  //配置端口的IP地址
Exit                        //退出，进入全局配置模式
Ip  route 0.0.0.0 0.0.0.0 200.165.42.21              //配置默认路由
End                         //进入超级用户模式
Write                       //保存配置
```

④ 局域网通过 DDN 专线方式接入 Internet 的网络拓扑图如图 7-13 所示。

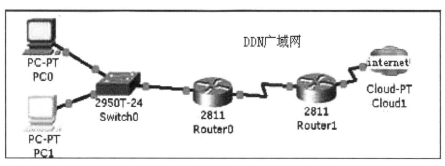

图7-13　网络拓扑图

3. 配置将局域网通过 ADSL 路由器接入 Internet。

提示：

① Modem 采用内置的 PPPoE 拨号模式，局域网采用私网地址，地址分配可以采用静态配置或者 DHCP 动态分配的方法。

② 如果采用动态分配的方式，ADSL Modem 必须具备 DHCP 功能，并且打开该功能。

③ 配置 ADSL Modem。

④ 打开 Web 页面，进行配置，ADSL 默认的配置为启动 NAT 方式。

⑤ 在配置页面中选择 Web 中的"Commit & Reboot"目录，在"Reboot Mode"对话框中选择"Reboot"，重启设备，则设置生效。

局域网通过 ADSL 路由器接入 Internet 的网络拓扑图如图 7-14 所示。

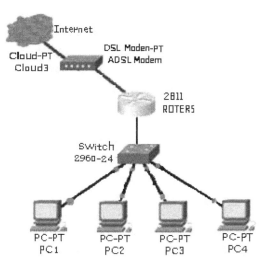

图7-14　网络拓扑图

第8章

数据通信基础知识

学习目标
- 了解数据通信的组成及相关概念。
- 掌握数据交换技术的基本原理，熟练掌握电路交换技术、分组交换技术和报文交换技术。
- 掌握信道共享技术的定义、多路复用技术的分类。
- 学习差错产生的原因，掌握差错的控制技术。

8.1 数据通信的基本概念

计算机网络技术是计算机技术和数据通信技术的结合。数据通信是依照一定的通信协议，利用数据传输技术在两个终端之间传递数据信息的一种通信方式和通信业务，是继电报、电话业务之后的第三种大的通信业务。数据通信技术是网络技术发展的基础，数据通信技术的发展也将影响未来计算机的发展。下面简单介绍与数据通信相关的基本概念。

8.1.1 信息、数据与信号

（1）信息

信息（Information）是对客观事物属性和特性的认识，反映了客观事物的属性、状态、结构及其与外部环境的关系。信息通常以文字、声音、图像、动画等形式表现出来。

（2）数据

数据（Data）即数字化的信息，是对客观事实进行描述的物理符号。在计算机网络传输过程中，声、像、图、文等信息是转换为二进制代码进行传输的。数据通常分为模拟数据和数字数据：模拟数据取值是连续的，如电压高低、温度、广播中的声音等；数字数据取值是离散的，如计算机通信中的二进制数。

（3）信号

信号（Signal）是数据在传输过程中的电磁波表示形式。通常，信号可分为数字信号和模拟信号。数字信号是指在时间上离散的、经过量化的信号，如计算机输出的脉冲信号。模拟信号是指取值连续变化的信号，如电话输出的语音信号。

8.1.2 数字信号与模拟信号

信号是传输数据的载体，因此通信中必须将不同的数据转换为相应的信号才能进行传输。模拟数据一般采用模拟信号，例如，用一系列连续变化的电磁波（如电视广播中的电磁波），或电压信号（如电话传输中的音频电压信号）来表示；数字数据则采用数字信号，例如，用一系列连续电话的电压脉冲或光脉冲来表示。由此可以看出，在数据被传输之前，必须先将数据转换为适合于传输的电磁信号：模拟信号或数字信号。

（1）数字信号

数字信号的特点是幅值被限制在有限个数值之内，它的取值是离散的。在计算机通信中，通常可以用恒定的正电压来表示二进制数1，用恒定的负电压来表示二进制数0。所以计算机与其外部设备及计算机局域网、城域网大多直接采用数字数据进行通信。此外，数字电话及数字电视所传输的信号都属于数字信号。

数字数据或者模拟数据变换成数字信号的过程，称为编码技术。相反，解码技术是指在接收端将数字信号变换成原来的形式。常见的编码技术有曼彻斯特编码和差分曼彻斯特编码等。

（2）模拟信号

模拟信号是随时间连续变化的信号，这种信号的某种参量，如幅度、频率或相位等可以表示要传送的信息。传统的电话机输出的语音信号，电视机产生的图像信号及广播中发出的语音信号等都是模拟信号。模拟信号，由于其信号波形在时间上是连续的，因此它又是连续信号。数字信号和模拟信号的波形图如图8-1所示。

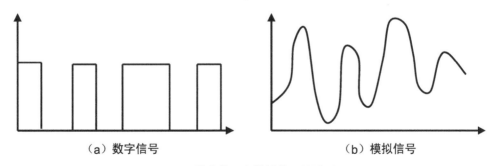

（a）数字信号　　　　　　　　　　　　　（b）模拟信号

图8-1　数字信号和模拟信号的波形图

8.1.3 数据通信系统的主要技术指标

信息的传递是通过通信系统来实现的。一个数据通信系统由三个主要部分组成：信源（发送端）、传输系统（传输网络）和信宿（接收端）。其组成如图8-2所示。

图8-2　数据通信系统的组成

（1）信源：信源就是信息的发送端，是发出待传送信息的人或设备。在通信系统中信源即产生和发送信号的设备或计算机，也就是信号的发送方。

（2）信宿：即信息的接收端，是接收所传送信息的人或设备。在通信过程中信宿即接收和处理信号的设备或计算机。

（3）信道：即信号传输的通道，由传输线路和传输设备组成。信道通常分为两种：物理信道和逻辑信道。物理信道是用来传送信号或数据的实际物理通路。通信中每一路信号所占用的信道称作逻辑信道。因此，同一物理信道上可提供多条逻辑信道；而每一逻辑信道上只允许一路信号通过。另外，根据信号的分类，也可以将信道划分为模拟信道和数字信号。其中，传输模拟信号的物理信道称为模拟信道，而传输数字信号的物理信道称为数字信道。

（4）带宽：在通信系统中，常用带宽表示信道传输信息的能力，带宽即传输信号的最高频率与最低频率之差，单位为 Hz、kHz、MHz 等。理论分析表明，模拟信道的带宽越大，信道的极限传输速率也越高。

（5）码元：是承载信息的基本信号单位。模拟信号的一个波形单元称为一个码元。若用脉冲信号表示数据的有效值状态，一个单位脉冲就是一个码元。

（6）误码率：误码率是指在数据传输中的错误率，即二进制码元在数据传输中被传错的概率。在计算机网络中一般要求数字信号误码率低于 10^{-6}。

（7）数据传输速率（S）：即数字信号的传输速率，表示为单位时间内所传送的二进制代码的有效位（比特）数。单位有 bps、kbps、Mbps 等。

（8）信号传输速率（B）：有效带宽上单位时间传送的码元数，单位为波特。

8.1.4　数据通信的方向

在通信系统中通信线路可由一个或多个信道组成，根据信道中某一时间信息传输的方向，可以将数据通信方向分为三种方式。

（1）单工通信：信号只能从一方发送到另一方，即数据的传输是单向的，任何时候都不能改变信号的传送方向。我们平时听广播和看电视都是单工通信的例子。单工通信如图 8-3 所示。信道的全部带宽都用于收发双方的数据传输。

（2）半双工通信：通信双方都可以相互传输数据，但同一时刻只能一方发送，另一方接收，即信号的传送必须是交替进行，如对讲机等。半双工通信如图 8-4 所示。

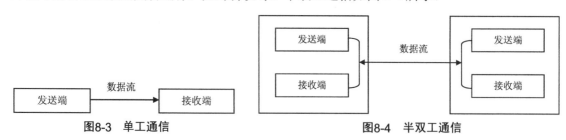

图8-3　单工通信　　　　　　　　　　　　图8-4　半双工通信

（3）全双工通信：通信双方可以实现相互实时通信。例如，计算机之间就是一种典型的全双工通信。全双工通信如图 8-5 所示。此时信道必须能够提供双向传输的双倍带宽。

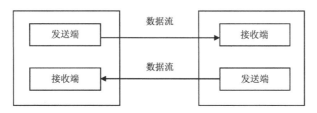

图8-5　全双工通信

8.2　交换技术

从通信资源的分配角度来看，"交换"就是按照某种方式动态地分配传输线路的资源。例如，电话交换机在用户呼叫时为用户选择一条可用的线路进行连接。用户挂机后则断开该线路，该线路又可分配给其他用户。如图 8-6 所示，计算机之间的通信也无法直接采用专线进行连接，解决方法是采用多节点转发完成数据的传输。在计算机通信中采用交换技术可以有效节省线路投资，提高线路利用率。计算机通信中实现交换的方法主要有三种：电路交换、报文交换和分组交换。

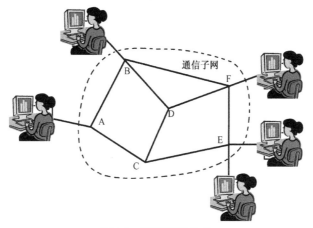

图8-6　数据交换技术

8.2.1　电路交换技术

经过编码后的数据在通信线路上进行传输的最简单形式是在两个互联的设备之间直接进行数据通信。但是，直接连接两个设备往往不现实，通常采用的方式是通过中间节点来把数据从源端发送到目的端，以此实现通信。在此通信系统中，中间节点并不关心传输的内容，而是提供一个交换设备，使数据从一个节点传到另外一个节点直到到达接收端。其典型应用如电话网，电路交换示意图如图 8-7 所示。下面以完成一次电话通信过程来了解电路交换技术。在打电话之前首先拨号建立连接，此时拨号的信号通过许多交换机（即中间节点）到达被叫用户所连接的交换机,在被叫用户摘机且摘机信号传送回到主叫用户所连接的交换机后,呼叫即完成,这时从主叫端到被叫端就建立了一条电路。电路建立好之后,双方进行整个通话过程,即信息的传输过程。通话结束双方挂断电话,完成本次通话并释放刚才建立的这条物理通路。

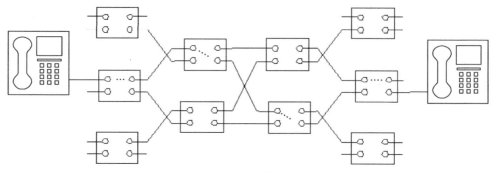

图8-7 电路交换示意图

从上述分析可以看出,电路交换过程如下。

(1)电路建立:在传输数据之前,要先经过呼叫过程建立一条端到端的电路。

(2)数据传输:电路建立以后,数据可以从一方发送到另一方,中间可能会经过多个节点进行转发。

(3)电路拆除:数据传输结束后,发送方或者接收方发出拆除请求,然后逐节拆除到对方的节点,释放电路。

从上述电话网可以看出,电话通信中收发双方首先要进行电路的连接过程,电路一旦接通后,电话用户就占用了一个信道,无论用户是否在讲话,只要用户不挂断,信道就一直被占用。一般情况下,通话双方总是一方在讲话、另一方在听,听的一方没有讲话也占用着信道,而且讲话过程中也总会有停顿的时间。因此用电路交换方式时通信会产生延迟,并且线路利用率很低。但是由于电路交换中收发双方建立了专用的通信信道,使得数据传输可靠性大大提高,传输效率高,有利于实时通信。

8.2.2 报文交换技术

报文(Message)是指在通信系统中节点一次性要发送的数据报,将整个报文作为一个整体一起发送就称为报文交换技术。在交换过程中,交换设备将接收到的报文先暂时存储,待信道空闲时再转发出去,逐级中转,直到目的地,因此报文交换属于存储转发交换。采用报文交换技术,传输之前不需要建立端到端的链接,仅在相邻节点传输报文时建立节点间的连接。

报文交换中报文从源节点传送到目的节点采用"存储—转发"方式,在传送报文时,一个时刻仅占用一段信道。报文交换的工作过程如下:发送端将发往接收端的信息分割成一份份的报文正文,再连同接收端地址等辅助信息形成一份份的报文。首先发往本地的交换中心,并将其存储在交换中心,当发现去往接收端的线路空闲时,再将一份份的报文转发到下一个交换中心,依次存储转发直到接收端。由于在转发过程中报文可能会产生乱序,所以交换中心将收到的报文按原来的顺序进行装配,再根据接收端地址信息将完整的信息交付给接收端的计算机或终端设备。报文交换技术如图 8-8 所示。

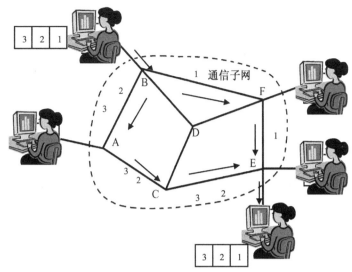

图8-8 报文交换技术

报文交换的特点如下：

① 报文以接力方式在节点中传输，不存在建立整条电路和拆除整条电路的过程（减少延时）。

② 传输可靠性高（节点间可进行纠错）。

③ 线路利用率高（任一节点可接收相邻多个节点的报文）。

④ 两节点间要进行接收、存储、检错、纠错、转发，产生延时，不利于实时通信。

8.2.3 分组交换技术

分组交换也称为包交换，它是将用户传送的数据划分成一定的长度，每个部分叫作一个分组（Packet）。在每个分组的前面加上一个分组报头，用以指明该分组发往何地，然后由交换机根据每个分组的地址标识，将它们转发至目的地，接收方接收到分组后需要去掉分组报头，然后将分组数据装配成报文信息，这一过程称为分组交换。进行分组交换的通信网称为分组交换网。和报文交换技术一样，分组交换也属于"存储—转发"方式。分组交换有两种实现方式：数据报分组交换和虚电路分组交换。

（1）数据报分组交换

数据报分组交换在进行报文传输时先将报文数据分片，将各数据报进行编号后在节点间各自转发，到达接收方后根据编号组装成完整报文。在数据报中，每个数据报都被独立地处理，同时，每个节点根据一个路由选择算法为每个数据报选择一条路径，使它们的目的地相同。数据报分组交换技术如图 8-9 所示。

（2）虚电路分组交换

虚电路分组交换类似于电路交换，发送方发送请求，建立一条通往目的站的逻辑虚拟电路；一个报文的所有分组沿着虚拟电路存储转发，不得单独选择路径；在虚电路中，数据在传送之前，发送方和接收方先建立起一条逻辑上的连接，该路径上各个节点都有缓冲设备并服从于这条逻辑线路的安排，也就是按照逻辑连接的方向和接收的次序进行排队需要进行路径判断和选择，就好像收发双方有一条专用通道一样。发送方依次发送的每个数据报经过若干次存储转发后，按顺序到达接收方，双方一旦完成数据交换就拆除这条虚电路。如图 8-10 所示，假设发送方和接收方采用虚电路交换方式传送报文分组，则报文段必须沿着已经建立好的虚拟路径进行转发，最终到达接收端。

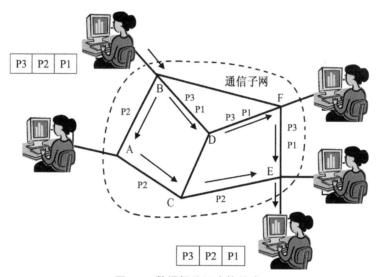

图8-9　数据报分组交换技术

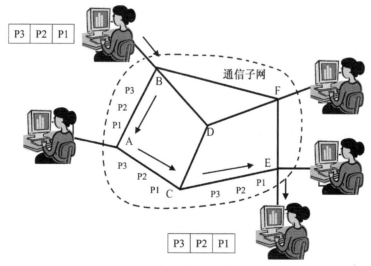

图8-10　虚电路分组交换技术

4 种交换技术的优缺点总结如下：

（1）在电路交换方式中，数据传输可靠、迅速、不丢失且保持原来的序列，但是线路空闲时的信道容量被浪费。这种方式比较适合于系统间要求高质量的大量数据传输的情况。

（2）在报文交换技术中，线路效率较高，不需要同时使用发送器和接收器来传输数据，网络可以在接收器可用之前暂时存储报文，它能把一个报文发送到多个目的地，能够建立报文的优先权，可以进行速度和代码的转换并截获发往未运行的终端的报文。但是，它不能满足实时或交互式的通信要求，不能用于声音连接，也不适合交互式终端到计算机的连接。由于传输延迟大，需要网络节点有大容量的存储设备。

（3）在数据报分组交换技术中，没有了呼叫建立阶段，传输少数几个分组的速度比虚电路方式更加简便灵活，还可以绕过故障区而到达目的地。但是它不能保证分组的按序到达，数据的丢失也不会立即知晓。

（4）在虚电路分组交换技术中，它能用于两端之间的长时间的数据交换，提供了更可靠的通信功能，保证每个分组正确到达且保持原来的顺序。缺点就是当一个节点或某条链路出现故障而彻底失效时，所有经过故障点的虚电路将立即被破坏。

8.3 信道共享技术

计算机网络可以分为两类：使用点到点连接的网络——广域网；使用广播信道（随机访问信道）的网络——局域网。在多个用户随机访问信道的局域网中，如何解决用户对信道的争用问题也就成了关键。信道共享技术是指多个计算机用户共享一个公共信道的技术，又称为多点接入技术。

信道分配方法有三种：随机接入、受控接入和信道复用。

（1）随机接入：所有的站点均可随时发送数据，争用信道。但在这种方式中容易产生冲突。随机接入技术的典型应用如 CSMA/CD（带有冲突检测的载波监听多路访问技术）。

（2）受控接入：受控接入技术中各站点不能任意接入信道，必须遵循一定的控制原则。通常有两种控制方法：① 集中式控制，即多点线路传递轮询。② 分散式控制。如 IBM 的令牌环网，令牌在环路上绕行，只有获得令牌的节点才有权利发送数据。

（3）信道复用：信道复用（多路复用）技术是指在同一传输介质上同时传送多路信号的技术。因此，多路复用技术也就是在一条物理线路上建立多条通信信道的技术，即实现信道共享。在多路复用技术的各种方案中，被传送的各路信号，分别由不同的信号源产生，信号之间互不影响。由此可见，多路复用技术是一种提高通信介质利用率的方法。当传输介质的带宽超过了传输单个信号所需的带宽，就可通过在一条媒体上同时携带多个传输信号的方法来提高传输系统的利用率。多路复用技术能把多个信号组合在一条物理信道上进行传输，使多个计算机或者中断设备共享信道资源，提高信道的利用率。尤其是在远距离传输时，可大大节省电缆的成本、安装与维护费用。

8.3.1 多路复用技术概述

多路复用技术中多个用户通过复用器（multiplexer）和分用器（de-multiplexer）来共享信道，信道复用主要用于将多个低速信号组合为一个混合的高速信号后，在高速信道上传输。其特点是需要附加设备，并集中控制，如图 8-11 所示。

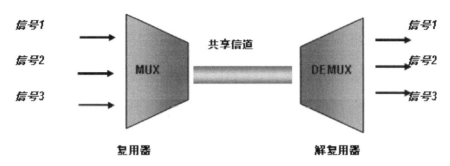

图8-11　多路复用技术

8.3.2　多路复用技术的分类

1．频分多路复用技术（FDM）

频分多路复用技术，主要用于模拟信号通信系统。其原理是在共享的公共信道的发送端用多路复用器接收来自多个信源的模拟信号，每个信号有自己独立的频段和带宽。被接收到的信号在物理信道中沿着各自的逻辑信道进行传输。多路信号到达接收端后，再通过解复用器对信号进行分解，如图 8-12 所示。

图8-12　频分多路复用

2．时分多路复用技术（TDM）

时分多路复用技术主要用于数字信号的传输。当传输介质的传输速率超过各路信号的数据传输速率总和时，可将物理信道按时间分成若干时间帧，再根据发送端的数量将时间帧划分为更小的时间隙，时间隙轮流地分配给多路信号使用。时分多路复用技术又可分为两种：同步时分多路复用和异步时分多路复用。

（1）同步时分多路复用：在同步时分多路复用技术中，无论发送方是否有数据需要发送，或者某个发送方已经完成数据发送，时间隙都会均衡地分配给每个发送端，这样会造成时隙的浪费。如图 8-13 所示，假设有三个发送端分别在不同时间发送数据。在数据传输过程中，时间隙均衡地分配给三个发送端，由于三个发送端发送数据的时间不同必然会造成一定的时隙浪费。

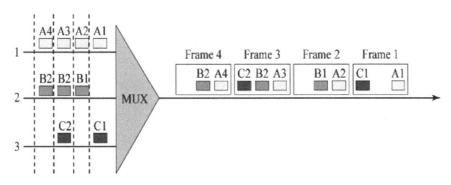

图8-13 同步时分多路复用

（2）异步时分多路复用：在同步时分多路复用系统中，不论每个发送端是不是有数据要传输，分给它的时间隙是固定不变的，当它没有数据通信时，分给它的时间槽就浪费掉了。异步时分多路复用技术能动态地分配时间隙，只把时间隙分配给要传送数据的发送端，这样就充分提高了信道的利用率，如图 8-14 所示。

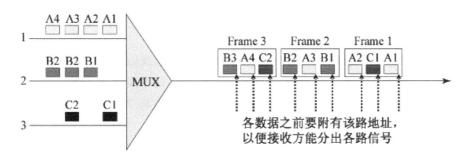

图8-14 异步时分多路复用

3．波分多路复用技术（WDM）

波分多路复用技术是指光的频分复用。不同的信源使用不同波长的光来传输数据，各路光波经过一个棱镜或光栅合成光束在光纤上进行传输，在接收端利用相同的设备将各路光波分开。这样经过复用后，可以使光纤的传输能力大大提高。

8.4 传输控制技术

8.4.1 差错控制

用户总是希望在通信线路中能够正确无误地传输数据，但是，由于来自信道内外的干扰与噪声，数据在传输与接收的过程中，难免会发生错误。通常把通过通信信道接收到的数据与原来发送的数据不一致的现象称为传输差错，简称为差错。由于差错的产生是不可避免的，因此，在网络通信技术中必须对此加以研究和解决。为了解决上述问题，需要研究几方面的问题，即是否产生差错、产生的原因，以及纠正差错的方法。通常差错控制技术包括如下内容。

1．差错的分类与差错出现的可能原因

（1）热噪声差错：由传输介质的内部因素引起的差错。热噪声的特点是时刻存在、幅度较小、强度与频率无关、但频谱很宽。因此，热噪声是随机类噪声，其引起的差错称为随机差错。

（2）冲击噪声差错：冲击噪声差错是指由外部因素引起的差错，如电磁干扰、工业噪声等引起的差错。与热噪声相比，冲击噪声具有幅度人、持续时间较长等特点，因此，冲击噪声是产生差错的主要原因。

2．差错控制方法

为了提高传输质量，一是可以改善通信系统的物理性能，使误码率降低到满足要求的程度。二是采用差错控制方法，利用编码的方式将传输中产生的错误码检测出来，并加以纠正。

（1）奇偶检验码

奇偶校验码是一种无纠错能力的检错码，其编码规则是先将数据代码分组，在各组数据后面附加一位校验位，使该数据连同校验位在内的码元中"1"的个数为偶数，即为偶校验；若"1"的个数为奇数则为奇校验。奇偶校验纠错能力不强，它只能检测出码元中的任意奇数个错误。

数据传输时，按奇偶校验码的使用方法，可分为垂直奇偶校验和水平奇偶校验。

① 垂直奇偶校验。发送 $K=7$ 位数据的同时，在加法器中求 K 位数据的和，7 位数据发送完后，一位校验码附加在 K 位数据之后一并发出，接收方将 7+1 位传输代码求和后，与最后一位校验码比较，相同则认为没有出错。

② 水平奇偶校验码。发送 $K=7$ 位数据时，发送缓冲区中保留发送副本，发送 7 组数据后，对 7 组数据的每一行求和得出一个水平奇偶校验码。接收方按相同方法求水平校验和，某一行校验正确则表明该行传输没有出错。

垂直奇偶校验、水平奇偶校验如图 8-15 所示。

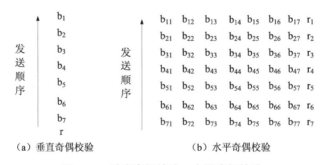

图8-15　垂直奇偶校验、水平奇偶校验

（2）循环冗余检验

循环冗余检验（CRC）是一种最常用、也是最有效的差错检测编码。CRC 是一种较复杂的校验方法，它是一种通过多项式除法检测差错的方法。

CRC 的检错思想是：收发双方约定一个生成多项式 $g(x)$ 做多项式除法，求出余数多项式 CRC 检验码；发送方在待发送的数据帧的末尾加上 CRC 校验码；这个带有校验码的帧的

多项式一定能够被 $g(x)$ 整除。接收方收到数据后，用同样的 $g(x)$ 除多项式，若有余数，则传输有错。CRC 的具体实现步骤如下：

- 设待发送的数据块是 m 位的二进制多项式 $f(x)$，生成多项式为 k 阶的 $g(x)$。
- 在数据块的末尾添加 k 个 0，则数据块的长度增加到 $m+k$ 位。
- 用该数据块模 2 除以 $g(x)$，求得余数为二进制多项式 $R(x)$，即为校验码。
- $m+k$ 位的数据块加余数即为编码后的报文。

示例：若传输信息系列为 1010，假设使用的生成多项式是 $g(x)=x^3+x+1$。求编码后的报文。

解：① 待发送的数据块为 1010，则 $f(x)$ 为 1010，$m=4$。

② 生成多项式 $g(x)=x^3+x+1$（即 1011 ），则 $k=3$。

③ 在数据块的末尾添加 3 个 0 得 1010000。

④ 将左移后的多项式 1010000 模 2 除以 1011，得到余数 $R(x)=011$。

⑤ 则编码后的报文（CRC 码的校验序列）为 1010011。

8.4.2 流量控制

随着网络技术的发展，越来越多的应用程序共享带宽，由于网络可运载的通信量是有限的，这样就会出现延时，甚至导致网络无法正常运行。流量控制技术用于防止在端口阻塞的情况下产生丢帧现象。流量控制主要实现发送方和接收方之间点对点通信量的控制。流量控制所要做的就是抑制发送端发送数据的速率，以便使接收端来得及接收。将流量控制能力添加到网络流量管理中，能够帮助网络管理员对网络资源和业务资源进行带宽控制和资源调度。

8.4.3 拥塞控制

当大量的分组进入通信子网，超出网络的处理能力时，就会引起这部分乃至整个网络的性能下降，这种现象称为拥塞。严重时甚至会导致网络通信业务陷入停顿，即出现死锁现象。这种现象跟交通拥挤一样，当节假日公路网中车辆大量增加时，各种走向的车流相互干扰，使每辆车到达目的地的时间都相对增加（即延迟增加），甚至有时在某段公路上车辆因堵塞而无法开动（即发生局部死锁）。造成拥塞的原因主要有两方面：

一是网络传输能力，即网络传满，而介入网络的设备的数据发送速度快；

二是数据接收能力，即发送端的数据发送速度快，而接收端的数据接收速度慢。

通信系统产生拥塞时，数据报的总数超过了路由器的容量，路由器只能丢弃数据报。如果拥塞不加以控制，将导致大量的报文重传，并再度引起大量的数据报丢弃。拥塞控制就是要从各个方面对子网加以控制，规范所有主机和路由器的行为，尽量消除任何可能导致子网通信能力下降的因素，确保子网的正常运行。拥塞控制可以采用如下三种方式。

（1）缓冲区预分配法

缓冲区预分配法用于虚电路分组交换网中。在建立虚电路时，让呼叫请求分组途经的节点为虚电路预先分配一个或多个数据缓冲区，若某个节点缓冲器已被占满，则呼叫请求分组另择路由，或者返回一个"忙"信号给呼叫者。这样，通过途经的各节点为每条虚电路开设的永久性缓冲区（直到虚电路拆除），就总能有空间来接纳并转送经过的分组。

计算机网络技术导论

（2）分组丢弃法

分组丢弃法不必预先保留缓冲区，当缓冲区占满时直接将分组丢弃。

（3）定额控制法

定额控制法在通信了网中设置适当数量的称作"许可证"的特殊信息，一部分许可证在通信子网开始工作前预先以某种策略分配给各个源节点，另一部分则在子网开始工作后在网中绕行。当源节点要发送来自源端系统的分组时，它必须首先拥有许可证，并且每发送一个分组注销一张许可证。目的节点方则每收到一个分组并将其递交给目的端系统后，便生成一张许可证。这样便可确保子网中分组数不会超过许可证的数量，从而防止拥塞的发生。

 思考与动手

一、选择题

1．不同的交换方式具有不同的性能，为了能使数据在网络传输中的延迟最小，首选的交换方式是（　　）。

　A．线路交换　　　B．报文交换　　　　C．分组交换　　　　　D．信元交换

2．数据报分组交换对报文交换的主要改进是（　　）。

　A．传输单位更小且定长　　　　　　　B．传输单位更大且定长

　C．差错控制更完善　　　　　　　　　D．路由算法更简单

3．多路复用的主要目的不包括（　　）。

　A．提高通信线路利用率　　　　　　　B．提高通信线路的通信能力

　C．提高线路的传输速率　　　　　　　D．降低通信线路的成本

4．应用最普遍的两种多路复用技术是（　　）和 TDM。

　A．CDM　　　　　B．FDM　　　　　　C．SDM　　　　　　　D．LDM

5．电视广播是一种（　　）传输的例子。

　A．单工　　　　　B．半双工　　　　　C．全双工　　　　　　D．自动

二、简答题

1．什么是单工、半双工和全双工通信？请举例说明。

2．何为数据交换？数据交换技术可分为哪几类？

3．什么是多路复用技术？常见的多路复用技术有哪几种？请对比这几种多路复用技术的特点。

三、计算题

请简单叙述循环冗余 CRC 的校验原理，并用 CRC 校验法完成以下计算：

已知循环冗余码的生成多项式 x^4+x^3+1，$k=4$，假设发送数据为 110011，请计算求出其 CRC 校验码的比特序列。

网络体系结构

- 了解网络体系结构的分层特性。
- 掌握 OSI 参考模型及 TCP/IP 参考模型。
- 掌握 IP 地址的分类和子网掩码的含义。
- 掌握计算机 IP 地址的分配。
- 熟练运用 IP 编址技术进行子网划分。

任务9-1　掌握IP子网规划方法

 任务解读

某 IT 公司共有 5 个部门:办公室、研发部、市场部、技术部和财务部 (见图 9-1)。其中,办公室有 10 台计算机,研发部有 20 台计算机,市场部有 13 台计算机,技术部有 15 台计算机,财务部有 6 台计算机。该公司目前分配到一个 C 类 IP 地址:192.168.2.0/24。作为网络管理员,如何为每个部门分配单独的网段?请通过实验来验证结果。

图9-1　某IT公司网络布局

学习领域

在网络通信中，为了区分网络上的主机，每台主机都有一个专门的"地址"作为标识，这个"地址"就是 IP 地址。计算机必须获得 IP 地址才能够和网络中其他计算机进行通信。IP 地址对于计算机而言就如同身份证号码，必须是独一无二的。IP 地址（IPv4）是一个 32 位的二进制数字，所能够形成的 IP 地址数量看似庞大，实则远远无法满足日益发展的网络需求。因此，为了管理的需要，需要将一个标准的 IP 网络划分成多个小的 IP 子网。

 任务实施

在进行子网划分时，首先确定 IP 地址的类型，并根据子网的数量及每个子网的主机数从逻辑上对网络进行划分。具体实现步骤如下：

① 明确要划分的子网数及每个子网所要容纳的主机数量。

② 根据子网数及每个子网内的主机数量确定子网掩码。

③ 对子网进行规划，确定每个子网所容纳主机的 IP 地址范围。

④ 在完成上述子网规划后，根据每个子网所获得的 IP 地址范围，对子网中的计算机进行 IP 地址的配置，并配置适当的子网掩码，如图 9-2 所示。

⑤ 最后，使用 Ping 命令，检查计算机之间的连通情况。

图9-2　配置IP地址及子网掩码

9.1　网络体系结构概述

计算机网络体系结构是描述计算机网络通信方法的模型，一般是指计算机网络各层次及其协议的集合。计算机网络是一个复杂的综合性技术系统，为了允许不同系统的实体互连和互操作，不同系统的实体在通信时都必须遵从一定的规则，这些规则的集合称为协议（Protocol）。

① 系统指计算机、终端或其他设备。

② 实体指各种应用程序或软件等。

③ 互连指不同实体可以通过通信子网互相连接起来进行数据通信。

④ 互操作指不同的用户能够共享网络中其他计算机中的资源与信息，就如同使用本地资源与信息一样。

⑤ 协议是指实现计算机网络资源共享及信息交换时各实体之间要进行各种通信和对话，这些通信和对话的规则就称为协议。

随着计算机网络技术的发展，计算机网络的规模越来越大。网络应用的需求不断增加，网络也因此变得越来越复杂。面对日益复杂的网络系统，必须采用工程设计中常用的结构化方法，将一个复杂的问题分解成若干个容易处理的子问题，然后逐个加以解决。这种思想应用在网络系统中就是分层。

9.1.1 网络体系结构分层特性

分层次是人们对复杂问题处理的基本方法。可以将网络体系结构看成一栋楼，为了结构清晰、管理方便，通常将一栋楼分为几层。层与层之间用楼梯连接，每一层具有特定的功能，楼层之间具有一定的关联，每一层都是基于下一层而存在，并且必须以下层为基础，同时为上层提供服务。

计算机网络的通信过程是一个复杂的过程，很难制订出一个完整的规则来描述所有通信问题。在实际中，可采用分层的结构来描述整个网络体系。在网络体系结构的分层思想中，将整个通信过程分为几层，每一层关注和解决网络通信中某一方面的规则。层和层之间遵循相同的协议，并通过"接口"进行通信。每一层在通信过程中都向上一层提供服务。图9-3给出了网络体系结构中协议、层、服务与接口之间的关系。

层次化的网络体系的优点在于每层实现相对独立的功能，层与层之间通过接口来提供服务，每一层都对上层屏蔽如何实现协议的具体细节。层次结构允许连接到网络的主机和终端型号、性能可以不同，但只要遵守相同的协议即可实现互操作。因此层次结构便于系统的实现和便于系统的维护。

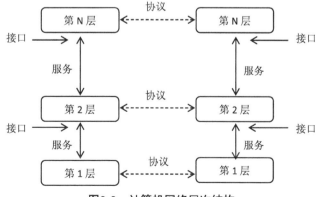

图9-3 计算机网络层次结构

9.1.2　网络协议特性

经过 20 世纪六七十年代的发展，人们对计算机网络的认识和研究日趋成熟。为了促进网络产品的开发，使网络的系统软件、网络硬件具有通用性，网络中的计算机必须遵循一定的协议。有了网络协议，各种大小不同、结构不同、操作系统不同、处理能力不同、厂家不同的系统才能连接起来实现互相通信，实现资源共享。

网络协议对计算机网络是不可缺少的，一个功能完备的计算机网络必须具备一套复杂的协议集为通信双方的通信过程作出约定。网络协议包含了三个方面的内容：语义、语法和时序。

- 语义：需要发出何种控制信息，完成何种动作，以及作出何种应答。
- 语法：数据与控制信息的格式、数据编码等。
- 时序：时间先后顺序和速度匹配。

下面以打电话为例来说明"语义"、"语法"和"时序"。假设甲要打电话给乙，首先甲拨通乙的电话号码，双方电话振铃；乙拿起电话，然后甲、乙开始通话；通话完毕后，双方挂断电话。在此过程中，双方都遵守了打电话的协议。其中，甲拨通乙的电话后，乙的电话振铃，振铃是一个信号，表示有电话打进，乙选择接电话、讲话，这一系列动作包括控制信号、响应动作、讲话内容等，就是"语义"；电话号码就是"语法"。"时序"的概念更好理解，甲拨打了电话，乙的电话才会响，乙听到铃声后才会考虑要不要接，这一系列时间的因果关系十分明确，不可能没人拨电话乙的电话会响。

9.2　ISO/OSI参考模型

20 世纪 70 年代末，国际标准化组织（International Standards Organization，ISO）提出的开放系统互联参考模型（Open System Interconnection，OSI），该模型将计算机网络通信协议分为 7 层。每一层完成通信中的一部分功能，并遵循一定的通信协议。该协议具有如下特点：

① 网络中每个节点均有相同的层次。

② 不同节点的同等层具有相同的功能。

③ 同节点内相邻层之间通过接口通信。

④ 每一层可以使用下层提供的服务，并向其上层提供服务。

⑤ 仅在最低层进行直接数据传送。

ISO/OSI 参考模型如图 9-4 所示。当发送方主机 A 的应用进程数据到达 OSI 参考模型的应用层时，网络中的数据将沿着垂直方向往下层传输，即由应用层向下经表示层、会话层一直到达物理层。到达物理层后，再经传输介质传到接收端（主机 B），由接收端物理层接收，向上经数据链路层等到达应用层，再由接收端获取。数据在由发送进程交给应用层时，由应用层加上该层有关控制和识别信息，再向下传送，这一过程一直重复到物理层。在接收端信息向上传递时，各层的有关控制和识别信息被逐层剥去，最后数据送到接收进程。

OSI 参考模型的层次是相互独立的，每一层都有各自独立的功能。下面简要介绍 OSI 参考模型中各层的主要功能。

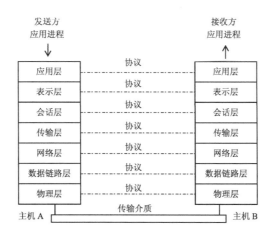

图9-4 ISO/OSI参考模型

1. 物理层（Physical Layer）

物理层处于 OSI 参考模型的最底层，向下直接与物理传输介质相连。该层主要负责实现两个物理设备之间二进制比特流数据的透明传输。

物理层提供与通信介质的连接，提供为建立、维护和释放物理链路所需的机械的、电气的、功能的和规程的特性。

其中机械特性主要规定接口连接器的尺寸、连线的根数等。电气特性主要规定每种信号的电平、信号的脉冲宽度、允许的数据传输速率和最大传输距离。功能特性规定接口电路引脚的功能和作用。规程特性规定接口电路信号发出的时序、应答关系和操作过程等。

2. 数据链路层（Data Link Layer）

数据链路层是 OSI 参考模型的第 2 层，介于物理层和网络层之间。一方面接收来自网络层的数据，另一方面向物理层提供数据流。

数据链路层的主要作用是通过数据链路层协议，在不太可靠的物理链路层上实现可靠的数据传输。为了完成这一任务，数据链路层必须执行链路管理、帧传输、流量控制、差错控制等功能。具体来说，数据链路层把一条有可能出差错的实际链路，转变为由网络层向下看起来好像是一条不出差错的链路。物理层不考虑位流传输的结构，而数据链路层的主要职责是控制相邻系统之间的物理链路，传送的数据以帧为单位。

3. 网络层（Network Layer）

网络层是 OSI 参考模型中最复杂、最重要的一层。这一层定义了网络操作系统通信用的协议，为信息确定地址，把逻辑地址和名称翻译成物理的地址。它也确定从信源（源节点）沿着网络到信宿（目的节点）的路由选择，并处理数据流通问题，如交换方式、路由选择和对数据报组的控制。

数据链路层的任务是在相邻两个节点间实现透明的无差错的帧信息的传送，而网络层则要在通信子网内把报文分组从源节点传送到目标节点。在网络层的支持下，两个终端系统的传输实体之间要进行通信，只需把要交换的数据交给它们的网络层便可实现。

网络层控制分组传送操作，具有路由选择、拥塞控制、网络互连等功能，根据传输层的要求来选择服务质量，向传输层报告未恢复的差错。网络层传输的信息以报文分组为单位。

4．传输层（Transport Layer）

传输层是 OSI 参考模型的第 4 层中，介于资源子网和通信子网之间，是比较特殊的一层。该层为源主机与目的主机的进程提供可靠的、透明的数据传输，并给端到端数据通信提供最佳性能。传输层从会话层接收数据，对信息重新打包，把过长信息分成小包发送，确保到达对方的各段信息正确无误，而在接收端，把这些小包重构成初始的信息。

传输层的目的在于它既可以划分在 OSI 参考模型高层，又可以划分在低层。如果从面向通信和面向信息处理角度进行分类，传输层一般划分在低层；如果从用户功能与网络功能角度进行分类，传输层又被划分在高层。这种差异正好反映出传输层在 OSI 参考模型中的特殊地位和作用。

传输层所支持的协议主要有传输控制协议 TCP 和用户数据报协议 UDP，传输层提供面向连接和无连接两种类型的服务。这两种类型的服务和网络层的服务非常相似。传输层提供这两种类型服务的原因是，用户不能对通信子网加以控制，无法通过使用通信处理机来改善服务质量。传输层提供比网络层更可靠的端—端之间的数据传输，更完善的查错、纠错功能。传输层之上的会话层、表示层、应用层都不包含任何数据传送的功能。

5．会话层（Session Layer）

会话层负责在两个节点之间建立通信链接或会话，负责管理两个用户进程之间的一次完整通信。

会话层的另外一个功能是，在发送节点向目的节点传送的数据流中加入特殊的检查点。如果节点之间的连接失效，这些检查点就可以发挥作用。发送节点不需要重新发送所有的数据，只需从最近接收到的检查点处开始的数据发送即可。

6．表示层（Presentation Layer）

不同厂家的计算机产品常使用不同的信息表示标准，如在字符编码、数值表示等方面存在着差异。如果不解决信息表示上的差异，通信的用户之间就不能互相识别。因此，表示层要完成信息表示格式转换。转换可以在发送前，也可以在接收后，也可以要求双方都转换为某个特定标准的数据表示格式。所以表示层的主要功能是完成被传输数据表示的解释工作，包括数据转换、数据加密和数据压缩等。

7．应用层（Application Layer）

应用层是 OSI 参考模型的最高层，是计算机网络与终端用户的界面，负责网络应用程序的协同工作。应用层的作用是在实现应用进程相互通信的同时，完成一系列业务处理所需的服务功能。

划分好 OSI 各层的层次后，每层要负责相应的功能，下面 6 层主要解决支持网络服务功能所需要的通信和表示问题,应用层则提供完成网络功能服务所需要的各种应用协议。如表 9-1

所示为 OSI 参考模型各层的主要功能。

表9-1 OSI参考模型各层的主要功能

OSI参考模型	主要功能	OSI参考模型	主要功能
应用层	提供与最终用户的接口	网络层	路由选择、拥塞控制
表示层	数据转换、加密、压缩等	数据链路层	编码、差错控制
会话层	建立、维持、协调通信	物理层	提供物理传输介质
传输层	确保数据的可靠传输		

9.3 TCP/IP参考模型

9.3.1 TCP/IP协议体系结构概述

在计算机网络通信中，OSI 模型只是作为理论研究的模型，并没有实际应用。而实际上应用最为广泛的通信协议是 TCP/IP（Transmission Control Protocol/Internet Protocol）。它是网络互联的标准协议，连入 Internet 的计算机进行的信息交换和传输都需要采用该协议。

TCP/IP 协议出现于 20 世纪 70 年代，是一个真正的开放系统，在 20 世纪 80 年代被确定为因特网的通信协议。Internet 网络体系结构以 TCP/IP 协议为核心，其中 IP 协议用于为各种不同的通信子网或局域网提供统一的互联平台，TCP 协议则用于为应用程序提供端到端的控制和通信功能。目前，TCP/IP 协议已经在多数计算机上得到应用。TCP/IP 协议通常被认为是一个四层协议系统。TCP/IP 参考模型与 OSI 参考模型对比如图 9-5 所示。

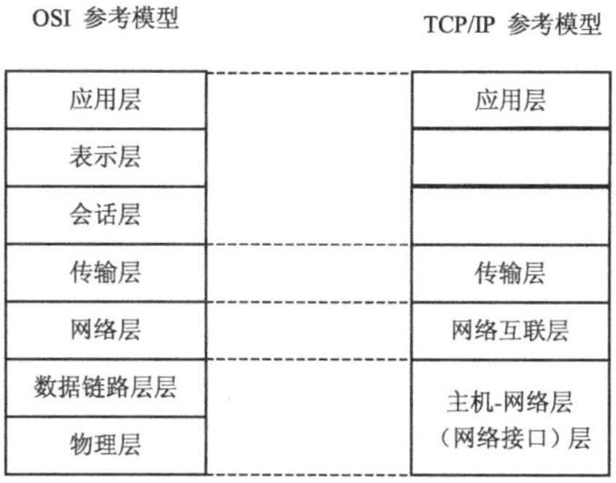

OSI 参考模型　　　　　　　　TCP/IP 参考模型

OSI 参考模型	TCP/IP 参考模型
应用层	应用层
表示层	
会话层	
传输层	传输层
网络层	网络互联层
数据链路层层	主机-网络层
物理层	（网络接口）层

图9-5 TCP/IP参考模型与OSI参考模型对比

TCP/IP 参考模型可以分为 4 个层次：应用层、传输层、网络互联层和主机—网络层。其中，TCP/IP 参考模型的应用层与 OSI 参考模型的应用层相对应；TCP/IP 参考模型的传输层与 OSI 参考模型的传输层相对应；TCP/IP 参考模型的网络互联层与 OSI 参考模型的网络层相对应；TCP/IP 参考模型的主机—网络层与 OSI 参考模型的物理层和数据链路层相对应。在 TCP/IP 参考模型中，表示层和会话层不存在。该模型的分层工作原理如图 9-6 所示，表示两台主机上的应用程序之间传输报文的路径。主机 B 上的第 n 层接收到的正是主机 A 上的第 n 层发送出来的对象。

TCP/IP 参考模型中各层的主要作用如下。

1．主机—网络层

TCP/IP 协议的主机—网络层与 OSI 协议的物理层、数据链路层相对应。该层通常包括操作系统中的设备驱动程序和计算机中对应的网络接口卡。该层只定义了 TCP/IP 与各种通信子网之间的网络接口。网络接口层的功能是传输经网络层处理过的消息。

2．网络互联层

网络互联层与 OSI 参考模型中的网络层相对应。其主要任务是允许主机将分组传输到网络中，让每个分组独立地到达目的地，即完成路由选择。工作过程为：它将传输层送来的消息组装成 IP 数据报，并且把 IP 数据报传递给网络接口层。IP 提供端到端的分组发送功能，标识网络号及主机节点地址的功能，为使 IP 数据报长度与通信子网允许的数据报长度匹配，提供了数据分段和重新组装的功能。

该层还提供建立独立的局域网之间的互联网络。在互联网络中，连接两个以上网络的节点称为路由器（网关），其允许网间的报文根据它的目的地址通过路由器传送到另一个网络。

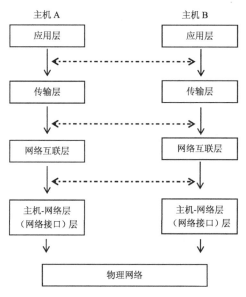

图9-6　TCP/IP分层工作原理

3．传输层

传输层对应 OSI 参考模型的传输层，为应用程序提供端到端的通信功能。传输层的主要协议有两个，分别为传输控制协议 TCP 和用户数据报协议 UDP。

TCP 协议为通信提供了可靠的数据传输，是一个面向连接的协议，负责将用户数据按规定长度组成数据报发送，在接收端对数据报按顺序进行分解重组以恢复用户数据。TCP 协议是以建立高可靠性信息传输为目的，为了可靠传输数据，该协议具有数据报的顺序控制、差错检测、检验及再发送控制等功能。

UDP 协议提供无连接的服务，不能保障数据的可靠性，但是在客户机／服务器类型中得到广泛应用。

4．应用层

TCP/IP 协议的应用层包含 OSI 参考模型的会话层、表示层和应用层的功能，直接为用户提供各类服务。TCP/IP 协议将所有与应用相关的工作都归为这一层。例如，远程登录、文件传输、电子邮件、Web 服务器等。

9.3.2　TCP/IP协议族

TCP/IP 参考模型不完全和 OSI 参考模型对应。从体系结构上看，TCP/IP 基本上是 OSI 的 7 层模型的简化，它只分为 4 层。通常提到 TCP/IP，我们会想到两个协议集：TCP（Transmission Control Protocol，传输控制协议）和 IP（Internet Protocol，互联网协议）。事实上 TCP/IP 协议不仅仅是两个协议，而是一组通信协议的统称，是由一系列协议组成的协议族，如图 9-7 所示。

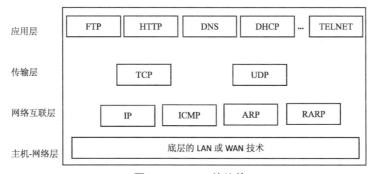

图9-7　TCP/IP协议族

1．IP 协议

IP 协议是 TCP/IP 协议的核心，也是网络层中最重要的协议。由 IP 协议控制传输的协议单位称为 IP 数据报。IP 将多个网络连接成互联网，它的基本任务是屏蔽下层各种物理网络的差异，向上层（主要是 TCP 层和 UDP 层）提供统一的 IP 数据报，各个 IP 数据报之间相互独立。

网络层传输的数据单元是 IP 数据报（IP 分组），IP 协议对 IP 数据报的报文格式进行了详细的规定。每个 IP 数据报包含一个头部和一个正文部分，而 IP 数据报的头部决定了数据报的正确性及是否能被正确传输。IP 数据报的头部是由一个 20 字节的定长部分和一个可选的变长部分构成的。如图 9-8 所示为 IP 分组格式。

IP版本号4	IP分组头首部长度4	服务类型8	总长度16	
标识符			标志3	段偏移13
生存时间		协议	分组头校验和	
发送端IP地址				
接收端IP地址				
任选参数选项				
填充段				

图9-8　IP分组格式

IP 协议提供了不可靠的、无连接的、尽力而为的数据传输服务。所谓不可靠是指 IP 协议无法保证数据报传输的结果。在传输过程中，IP 数据报可能会丢失、重复传输、延迟或乱序。所谓无连接，是指每一个 IP 数据报是独立处理和传输的，在网络中可能会经过不同的路径到达接收方。尽力而为，是指 IP 数据报的传输利用了物理网络的传输能力。

2．TCP 协议

在 TCP/IP 体系结构中，根据实际应用的需求，其传输层分别设计了两种传输服务协议，即无连接的用户数据报协议（UDP）和面向连接的传输控制协议（TCP）。TCP 提供一种可靠性高的传输服务，UDP 则提供一种高效率的、但不可靠的传输服务。TCP 是基于两个网络主机之间的端对端的通信。TCP 从高层协议接收需要传送的字节流，将字节流分成段，然后 TCP 对段编号和排序以便传递。如图 9-9 所示为 TCP 数据报格式。

传输控制协议（TCP）是一种面向连接（以连接为导向）的、可靠的、基于字节流的传输层通信协议。

TCP 的工作原理是：TCP 经过一个连接建立、数据传输和连接释放的过程来实现可靠的数据传输。在两个 TCP 主机交换数据之前，必须先建立会话。这个过程通常被形象地称为"三次握手"。TCP 连接建立过程如图 9-10 所示。

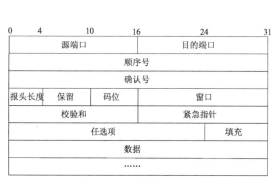

图9-9　TCP数据报格式

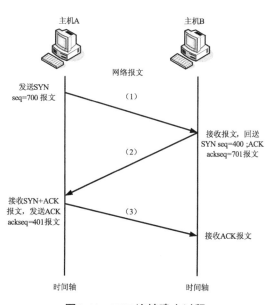

图9-10　TCP连接建立过程

TCP 连接是全双工的，可以看作两个不同方向的单工数据流传输。当通信的一方没有数据需要发送给对方时，可以使用数据段向对方发送关闭连接请求。所以，一个完整的连接的拆除涉及两个单向连接的拆除。实际上，TCP 连接的关闭过程是一个"四次握手"的过程，如图 9-11 所示。

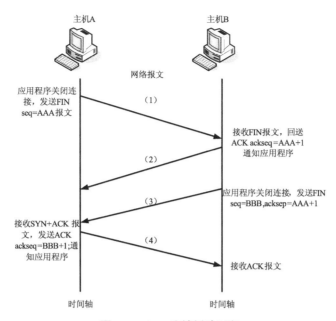

图9-11 TCP连接拆除过程

与 TCP 相反，TCP/IP 传输层的另一大协议 UDP 提供的是不可靠的、面向无连接的数据传输服务，即一种数据报的数据交换方式。用户数据报协议是一个简单的面向数据报的传输层协议。UDP 协议的特性如下：

① UDP 是一个无连接协议，在数据传输之前，源端和终端不需要建立连接。当有数据要传输时，UDP 直接获取来自应用程序的数据，并直接将此数据传送到网络上。在发送端，UDP 传送数据的速度仅仅受应用程序生成数据的速率、计算机的能力和传输带宽的限制；在接收端，UDP 把每个消息段放在队列中，应用程序每次从队列中读一个消息段。

② 由于数据传输前收发双方没有建立连接，因此也就不需要维护连接状态。

③ 相对于 TCP 协议的 20 字节的头部信息而言，UDP 协议的报头较短，只有 8 字节。

④ 吞吐量不受拥挤控制算法的调节，只受应用软件生成数据的速率、传输带宽、源端和终端主机性能的限制。

TCP 协议和 UDP 协议的主要区别是两者在如何实现信息的可靠传递方面不同。另外，UDP 协议也不能保证数据的发送和接收顺序。如表 9-2 所示为 TCP 协议和 UDP 协议的对比。

表9-2 TCP协议和UDP协议的对比

指 标	TCP	UDP
是否连接	面向连接	无连接
传输可靠性	可靠	不可靠
速度	较慢	较快
传输质量	较高	较差

9.3.3　IP编址技术

1．IP 地址的分类

在因特网上，所有的主机资源都通过 IP 地址来定位。 IP 地址的格式是由 IP 协议规定的。目前全球广泛应用的 IP 协议是 4.0 版本，通常记为 IPv4，本节所讲的 IP 地址除特殊说明外均指 IPv4 地址。IP 地址是一个 32 位的二进制数，由网络号和主机号两部分组成。 根据网络号和主机号位数的不同，IP 地址可以分为 5 类：A 类、B 类、C 类、D 类和 E 类。IP 地址格式如图 9-12 所示。

	0	1	2	3	4		8		16		24		32
A类	0				网络号				主机号				
B类	1	0				网络号				主机号			
C类	1	1	0				网络号					主机号	
D类	1	1	1	0				组播地址					
E类	1	1	1	1				保留给将来使用					

图9-12　IP地址格式

IP 地址的类型是由网络号的最高几位来区分的。图 9-12 的格式规定了用作网络号和主机号的位数。其中：

① A 类地址中网络地址为 1 字节，主机地址占用 3 字节，其范围为 0.0.0.0~127.255.255.255。由于 A 类 IP 地址所能形成的主机个数较多，因此 A 类地址主要用于大型网络，由国际网络中心来分配。

② B 类地址中网络地址为 2 字书，而主机地址也是 2 字节，其范围为 128.0.0.0~191.255.255.255。B 类地址用于各地区的网管中心，由欧洲、北美和亚太三大区网络信息中心负责分配。

③ C 类地址中网络地址为 3 字节，主机地址仅占 1 字节，其范围为 192.0.0.0~223.255.255.255。C 类地址多用于校园网或企业网。由国家或地区网络信息中心负责分配。

④ D 类地址为组播地址，E 类地址保留。

2．子网和子网掩码

由于 Internet 发展迅速，IP 地址已经成为宝贵资源。为了提高 IP 地址的利用率，通常可以将大型网络划分为若干个逻辑上相互独立的子网，但网络地址不变，原主机地址成为子网主机地址。

划分子网的方法是：将主机地址部分划出一定位数作为子网标识，其余部分作为主机标识。这样 IP 地址就由原来的两部分划分为三部分，即网络号、子网号和主机号，如图 9-13 所示。其中，网络号确定一个网段，子网号确定一个物理子网，主机号确定子网中的主机。

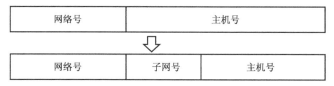

图9-13　借用部分主机号作为子网编号

划分子网后，因为借用了一部分主机号作为子网编号，所以就不能根据 IP 地址的类型来判断网络号的长度。那么用什么方法来表示网络和子网的编号有多少位呢？为了解决这个问题，IP 协议引入了子网掩码这个概念。

和 IP 地址一样，子网掩码是一个 32 位的二进制数。子网掩码中的"1"对应的部分表示网络号和子网号，"0"对应的部分表示主机号。对于标准的 A、B、C 三类网络来说，它们都有自己默认的子网掩码，如表 9-3 所示。

表9-3 标准的A、B、C三类网络的子网掩码

IP地址类型	默认的子网掩码	IP地址类型	默认的子网掩码
A类	255.0.0.0	C类	255.255.255.0
B类	255.255.0.0		

如果要从一个标准网络中借用若干主机地址来表示子网，则子网掩码应作相应改变。根据主机的 IP 地址和子网掩码可以分析出主机的网络地址。例如，一个 B 类 IP 地址 130.66.x.x，如果没有划分子网，则其子网掩码为 255.255.0.0，表示前 2 字节为网络号，后 2 字节为主机号。如果其子网掩码为 255.255.255.0，则表明第三个字节全部用于子网编号。那么此时，130.66.1.x 和 130.66.2.x 分别属于不同的子网。

为了合理划分和管理子网，必须进行子网规划。规划子网主要完成两个任务：一是确定子网掩码；二是确定子网编号。

（1）确定子网掩码

确定子网掩码，实际上就是要确定子网号和主机号两部分的长度。在确定子网掩码时，应该满足两个需求，其一是能够产生足够多的子网；其二是所划分的主机部分能容纳足够的主机数。

① 划分子网的个数：2^{n-2}，n 是网络位向主机位所借的位数。

② 每个子网的主机数：2^{m-2}，m 是借位后所剩的主机位数。

③ 划分子网后的子网掩码：在原有子网掩码的基础上借了几个主机位，就添加几个"1"。

例如，要对 C 类网络 192.168.1.0 进行子网划分，要求划分 5 个子网，而且每个子网至少要容纳 30 台主机，那么应该采用什么样的子网掩码？

经过分析，应该借用的子网编号长度 n 必须大于等于 3；用于主机编号的长度 m 必须大于等于 5，则其子网掩码为：255.255.255.224。

（2）确定子网编号

在确定了子网掩码后，要明确子网编号。在上例中，借用了 3 位作为子网编号。因此，可以从"001"、"010"、"011"、"100"、"101"、"110" 6 个数字中选取 5 个作为子网编号。在本例中，选取 001、010、011、100、101 作为子网编号，则可以得到如下子网划分结果，如表 9-4 所示。

表9-4 子网的子网编号

子网编号	子 网	IP地址范围
子网1	001	192.168.1.33~192.168.1.62
子网2	010	192.168.1.65~192.168.1.94
子网3	011	192.168.1.97~192.168.1.126
子网4	100	192.168.1.129~192.168.1.158
子网5	101	192.168.1.161~192.168.1.190

3．IPv6

目前互联网上大多应用 IPv4 技术，它的最大问题是网络地址资源有限，从理论上讲，可编制 1600 万个网络、40 亿台主机。但采用 A、B、C 三类编址方式后，可用的网络地址和主机地址的数目大大减少，以致 IPv4 地址近乎枯竭。据中国互联网络信息中心数据表明，截至 2013 年 12 月 31 日，我国 IPv4 地址数量达到 3.30 亿，落后于 6.18 亿网民的需求。地址不足严重制约了互联网的应用和发展。在这样的情况下，由 128 位二进制所形成的 IPv6 应运而生。IPv6 是 Internet Protocol Version 6 的缩写。从数字上来说，IPv6 所拥有的地址数量达到 2^{128} 个。这样便很好地解决了网络地址资源数量的问题。

IPv6 的地址采用层次化的地址结构，占用 128 位，分为 8 段，每段占用 16 位，段与段之间用 "："隔开，然后以十六进制来表示每段的数值。由于每段占用 16 位，因此每段共有 4 个十六进制数。例如，设 IPv6 的二进制数表示为：

0010000000000010 0011111101010111 0100010100110111 1110001110001100
0001010011011001 0001001000100101 0000001000000000 1111011101011001

则其十六进制表示为：

2002：3F57：4537：E38C：14D9：1225：0200：F759

（1）前面的 0 可以省略

为了简化 IPv6 地址的表示方式，可以省略某些数字为 0 的部分。例如：

2001：0410：0000：E38C：03AC：1225：F570：F755

简化后可以写作：

2001：410：E38C：3AC：1225：F570：F755

但是，IP 地址中只有靠左边的 0 可以省略，靠右边或者中间的 0 不能省略。例如，0410 可以缩写为 410，而不能缩写为 041 或者 41。

（2）连续的 0 段可以缩写

在 IPv6 中如果有连续多个段都是 0，则可以用 "：："代表这些连续段。例如，以下 IP 地址：

2001：0410：0000：0000：FB00：1400：200C：417A

简化后可以缩写为：

2001：410：：FB00：1400：200C：417A

此例中将连续两个段的 0 改用双冒号来表示。但是，在一个 IPv6 地址中，这种缩写方式只能使用一次。

9.4 OSI与TCP/IP两种模型的比较

通过前面的学习,读者已经了解了TCP/IP参考模型和ISO/OSI参考模型有许多相似之处,但是两种模型也有很大区别。OSI参考模型与TCP/IP模型的共同之处是:它们都采用了层次结构的概念,但是二者在层次划分与使用的协议上有很大差别,也正是这种差别对两个模型的发展产生了两个截然不同的局面,OSI参考模型逐渐被TCP/IP模型所代替。

OSI参考模型分为7层:物理层、数据链路层、网络层、传输层、会话层、表示层、应用层。和OSI的7层协议比较,TCP/IP参考模型中没有会话层和表示层。两种模型的对比如下:

- OSI参考模型和TCP/IP参考模型都是基于独立的协议栈的概念。
- 它们的功能大体相似,在两个模型中,传输层及以上的各层都是为了通信的进程提供点到点、与网络无关的传输服务。
- OSI参考模型与TCP/IP参考模型的传输层以上的层都以应用为主导。
- TCP/IP考虑到多种异构网的互联问题,在传输层采用了两种协议,并将网际协议IP作为TCP/IP的重要组成部分,但OSI参考模型只考虑到使用一种标准的公用数据网将各种不同的系统互联在一起。

 思考与动手

一、填空题

1. TCP协议为保证连接建立的可靠,采用了_____技术来建立可靠的连接。
2. TCP/IP协议从上向下分为_____、_____、_____和_____4层。
3. 在OSI网络体系结构中,_____为分组通过通信子网选择适合的传输路径。

二、选择题

1. 关于网络体系结构,以下哪种描述是错的?（　　　）
A. 物理层完成比特流的传输
B. 数据链路层用于保证端—端数据的正确传输
C. 网络层为分组通过通信子网选择适合的传输路径
D. 应用层处于参考模型的最高层

2. 国际标准化组织ISO提出的网络体系结构OSI模型中,将通信协议分为（　　　）。
A. 4层　　　　　　B. 7层　　　　　　C. 6层　　　　　　D. 9层

3. 决定使用哪条路径通过子网,应在OSI的（　　　）处理。
A. 物理层　　　　B. 数据链路层　　　　C. 网络层　　　　　D. 传输层

4. 在下面的IP地址中,（　　　）属于C类地址。
A. 141. 0. 0. 0　　　　　　　　　B. 3. 3. 3. 3
C. 197. 234. 111. 123　　　　　　D. 23. 34. 45. 56

5. 192.168.1.0 使用掩码 255.255.255.240 划分子网，其可用子网数为（　　）。

A. 32　　　　　　B. 16　　　　　　C. 254　　　　　　D. 14

6. 子网掩码为 255.255.0.0，下列哪个 IP 地址不在同一网段中（　　）。

A. 172.25.15.201　　　　　　　　B. 172.25.16.15

C. 172.16.25.16　　　　　　　　D. 172.25.201.15

7. B 类地址子网掩码为 255.255.255.248，则每个子网内可用主机地址数为（　　）。

A. 10　　　　　　B. 8　　　　　　C. 6　　　　　　D. 4

8. 对于 C 类 IP 地址，子网掩码为 255.255.255.248，则能提供子网数为（　　）。

A. 16　　　　　　B. 32　　　　　　C. 30　　　　　　D. 128

9. IP 地址 219.25.23.56 的缺省子网掩码有（　　）位。

A. 8　　　　　　B. 16　　　　　　C. 24　　　　　　D. 32

10. 某公司申请到一个 C 类 IP 地址，但要连接 6 个子公司，最大的一个子公司有 26 台计算机，每个子公司在一个网段中，则子网掩码应设为？（　　）

A. 255.255.255.0　　　　　　　　B. 255.255.255.128

C. 255.255.255.192　　　　　　　D. 255.255.255.224

11. 下列哪个 IPv6 地址是错误的。（　　）

A. ：：FFFF　　　B. ：：1　　　C. ：：1：FFFF　　　D. ：：1：：FFFF

三、简答题

1. OSI 参考模型有哪七层？并简述每层的主要功能。

2. 什么是 IP 子网？请简述 IP 子网划分的作用。

四、操作题

假设有 B 类 IP 地址 172.16.0.0，请根据以下拓扑图（见图 9-12）为各个子网中的计算机配置 IP 地址，并进行连通性测试。

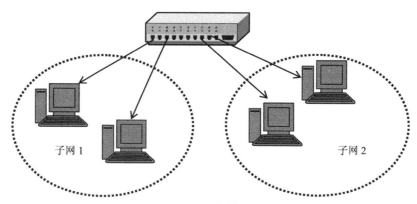

图9-12　拓扑图

第10章

网络技术后续学习介绍

● 了解网络服务器的后续学习知识。

● 了解路由器交换机后续学习的内容。

● 了解网络管理的特点和后续学习内容。

● 了解网络安全分类和后续学习内容。

10.1　网络服务器配置的后续学习

服务器（Server）是指一个管理资源并为用户提供服务的计算机软件，通常分为文件服务器、数据库服务器和应用程序服务器。运行以上软件的计算机或计算机系统也称为服务器。相对于普通 PC 来说，服务器在稳定性、安全性、性能等方面都要求更高，因此 CPU、芯片组、内存、磁盘系统、网络等硬件和普通 PC 有所不同。

前面的章节介绍了部分网络服务器的功能和简单配置，本节将针对网络服务器配置的后续学习进行说明。

10.1.1　服务器的硬件

要成为一名服务器工程师，首先要掌握服务器的硬件配置。服务器作为硬件来说，通常是指那些具有较高计算能力，能够提供给多个用户使用的计算机。服务器与 PC 机的不同点很多，如 PC 机在一个时刻通常只为一个用户服务。服务器与主机不同，主机是通过终端给用户使用的，服务器是通过网络给客户端用户使用的。

和普通的 PC 相比，服务器需要连续工作在 7×24 小时环境。这就意味着服务器需要更多的稳定性技术 RAS，比如支持使用 ECC 内存。

根据不同的计算能力，服务器又分为工作组级服务器、部门级服务器和企业级服务器。服务器操作系统是指运行在服务器硬件上的操作系统。服务器操作系统需要管理和充分利用服务器硬件的计算能力并提供给服务器硬件上的软件使用。

1. 结构

服务器系统的硬件构成包含如下几个主要部分：中央处理器、内存、芯片组、I/O 总线、

I/O 设备、电源、机箱和相关软件。这也是选购一台服务器时所主要关注的指标。

将整个服务器系统比作一个人，处理器就是服务器的大脑，各种总线是分布于全身肌肉中的神经，芯片组是骨架，而 I/O 设备是通过神经系统支配的人的手、眼睛、耳朵和嘴；电源系统是血液循环系统，它将能量输送到身体的所有地方。

在信息系统中，服务器主要应用于数据库和 Web 服务，而 PC 主要应用于桌面计算和网络终端，设计的根本出发点的差异决定了服务器应该具备比 PC 更可靠的持续运行能力、更强大的存储能力及网络通信能力、更快捷的故障恢复功能和更广阔的扩展空间，同时，对数据相当敏感的应用还要求服务器提供数据备份功能。而 PC 机在设计上则更加重视人机接口的易用性、图像和 3D 处理能力及其他多媒体性能。

2. CPU

服务器的 CPU 仍按 CPU 的指令系统来区分，通常分为 CISC 型和 RISC 型两类 CPU，后来又出现了一种 64 位的 VLIM（Very Long Instruction Word，超长指令集架构）指令系统的 CPU。

（1）CISC 型 CPU

CISC 是英文"Complex Instruction Set Computer"的缩写，中文意思是"复杂指令集"，它是指英特尔生产的 x86（Intel CPU 的一种命名规范）系列 CPU 及其兼容 CPU（其他厂商如 AMD，VIA 等生产的 CPU），它基于 PC 机（个人电脑）体系结构。这种 CPU 一般都是 32 位的结构，所以也称为 IA-32 CPU（IA，Intel Architecture，Intel 架构）。CISC 型 CPU 主要有 Intel 的服务器 CPU 和 AMD 的服务器 CPU 两类。

（2）RISC 型 CPU

RISC 是英文"Reduced Instruction Set Computer"的缩写，中文意思是"精简指令集"。它是在 CISC 指令系统的基础上发展起来的，相对于 CISC 型 CPU，RISC 型 CPU 不仅精简了指令系统，还采用了一种"超标量和超流水线结构"，在同等频率下，采用 RISC 架构的 CPU 比采用 CISC 架构的 CPU 性能高很多，这是由 CPU 的技术特征决定的。RISC 型 CPU 与 Intel 和 AMD 的 CPU 在软件和硬件上都不兼容。

10.1.2 服务器的软件

要成为一名服务器工程师，对服务器的软件也要详细掌握。服务器软件工作在客户端 / 服务器（C/S）或浏览器 / 服务器（B/S）的方式，有很多形式的服务器，常用的服务器如下：

- 文件服务器（File Server）。如 Novell 的 NetWare。
- 数据库服务器（Database Server）。如 Oracle 数据库服务器、MySQL、Microsoft SQL Server 等。
- 邮件服务器（Mail Server）。Sendmail、Postfix、Qmail、Microsoft Exchange 等。
- 网页服务器（Web Server）。如 Apache、thttpd、微软的 IIS 等。
- FTP 服务器（FTP Server）。Pureftpd、Proftpd、WU-ftpd、Serv-U 等。
- 域名服务器（DNS Server）。如 Bind9 等。

- 应用程序服务器（AP Server）。如 Bea 公司的 WebLogic、JBoss、Sun 的 GlassFish。
- 代理服务器（Proxy Server）。如 Squid Cache。
- 电脑名称转换服务器。如微软的 WINS 服务器。
- 服务器平台的操作系统。类 UNIX 操作系统，由于是 UNIX 的后代，大多都有较好的作服务器平台的功能。常见的类 UNIX 服务器操作系统有 AIX、HP-UX、IRIX、Linux、FreeBSD、Solaris、Ubuntu、OS X Server、OpenBSD、NetBSD 和 SCO OpenServer。微软也出版了 Microsoft Windows 服务器版本，如早期的 Windows NT Server，现代的 Windows 2000 Server 和 Windows Server 2003，正广泛使用的 Windows Server 2008 和于 2012 年 9 月 4 日发布的 Windows Server 2012 正式版。

10.1.3 服务器分类

1. 按照体系架构分类

（1）非 x86 服务器

非 x86 服务器包括大型机、小型机和 UNIX 服务器，它们使用 RISC（精简指令集）或 EPIC（并行指令代码）处理器，并且主要采用 UNIX 和其他专用操作系统的服务器。精简指令集处理器主要有 IBM 公司的 POWER 和 PowerPC 处理器。这种服务器价格昂贵、体系封闭，但是稳定性好、性能强，主要用在金融、电信等大型企业的核心系统中。

（2）x86 服务器

x86 服务器又称为 CISC（复杂指令集）架构服务器，即通常所讲的 PC 服务器。它是基于 PC 机体系结构，使用 Intel 或其他兼容 x86 指令集的处理器芯片和 Windows 操作系统的服务器。价格便宜、兼容性好、稳定性较差、安全性不算太高，主要用在中小企业和非关键业务中。

2. 按应用层次划分

按应用层次划分通常也称为"按服务器档次划分"或"按网络规模划分"，是服务器最为普遍的一种划分方法，它主要根据服务器在网络中应用的层次（或服务器的档次）来划分。要注意的是，这里所指的服务器的档次并不是按服务器 CPU 主频高低来划分，而是依据整个服务器的综合性能，特别是所采用的一些服务器专用技术来衡量的。按这种划分方法，服务器可分为入门级服务器、工作组级服务器、部门级服务器和企业级服务器。

（1）入门级服务器

入门级服务器是最基础的一类服务器，也是最低档的服务器。随着 PC 技术的日益提高，许多入门级服务器与 PC 机的配置差不多，所以也有人认为入门级服务器与"PC 服务器"等同。这类服务器所包含的服务器特性并不是很多，通常具备如下几方面特性：

- 有一些基本硬件的冗余，如硬盘、电源、风扇等，但不是必需的。
- 通常采用 SCSI 接口硬盘，也有采用 SATA 串行接口的。

- 部分部件支持热插拔，如硬盘和内存等，这些也不是必需的。
- 通常只有一个 CPU，但不是绝对。
- 内存容量最大支持 16GB。

这种服务器主要采用 Windows 或者 NetWare 网络操作系统，可以充分满足办公室型的中小型网络用户的文件共享、数据处理、Internet 接入及简单数据库应用的需求。这种服务器与一般的 PC 机相似，有很多小型公司干脆就用一台高性能的 PC 品牌机作为服务器，所以无论在性能上，还是价格上入门级服务器都与一台高性能的 PC 品牌机相差无几。

入门级服务器所连的终端比较有限（通常为 20 台左右），况且稳定性、可扩展性及容错冗余性能较差，仅适用于没有大型数据库数据交换、日常工作网络流量不大，无须长期不间断开机的小型企业。不过要说明的一点就是目前有的比较大型的服务器开发、生产厂商在企业级服务器中也划分出几个档次，其中最低档的一个企业级服务器档次就称为"入门级企业级服务器"，这里所讲的入门级与上述"入门级"并不具有相同的含义，不过这种划分还是比较少。另外，这种服务器一般采用 Intel 的专用服务器 CPU 芯片，是基于 Intel 架构（俗称"IA 结构"）的，当然这并不是一种硬性的标准规定，而是出于服务器的应用层次需要和价位的限制。

（2）工作组级服务器

工作组级服务器是一个比入门级服务器高一个层次的服务器，但仍属于低档服务器之类。从这个名称也可以看出，它只能连接一个工作组（50 台左右）的用户，网络规模较小，服务器的稳定性也不像企业级服务器那样，当然在其他性能方面的要求也相应要低一些。工作组服务器具有如下特点：

- 通常仅支持单或双 CPU 结构的应用服务器（但也不是绝对的，如 SUN 的工作组级服务器就能支持多达 4 个处理器，当然这类型的如服务器在价格方面也有所不同）。
- 可支持大容量的 ECC 内存和增强服务器管理功能的 SM 总线。
- 功能较全面、可管理性强，且易于维护。
- 采用 Intel 服务器 CPU 和 Windows/NetWare 网络操作系统，但也有一部分是采用 UNIX 系列操作系统的。
- 可以满足中小型网络用户的数据处理、文件共享、Internet 接入及简单数据库应用的需求。

工作组级服务器较入门级服务器来说性能有所提高，功能有所增强，有一定的可扩展性，但容错和冗余性能仍不完善、也不能满足大型数据库系统的应用，但价格也比前者贵许多，一般相当于 2~3 台高性能的 PC 品牌机总价。

（3）部门级服务器

部门级服务器属于中档服务器，一般都是支持双 CPU 以上的对称处理器结构，具备比较完全的硬件配置，如磁盘阵列、存储托架等。部门级服务器的最大特点就是，除了具有工作组级服务器的全部服务器特点外，还集成了大量的监测及管理电路，具有全面的服务器管理能力，可监测如温度、电压、风扇、机箱等状态参数，结合标准服务器管理软件，使管理人员及时了解服务器的工作状况。同时，大多数部门级服务器具有优良的系统扩展性，可满足用户在业务量迅速增大时能够及时在线升级系统，充分保护了用户的投资。它是企业网络中分散的各基层数据采集单位与最高层的数据中心保持顺利连通的必要环节，一般为中型企业的首选，也可用于金融、邮电等行业。

部门级服务器一般采用 IBM、Sun 和 HP 等公司各自开发的 CPU 芯片，这类芯片一般是 RISC 结构，所采用的操作系统一般是 UNIX 系列操作系统，Linux 也在部门级服务器中得到了广泛应用。

部门级服务器可连接 100 个左右的计算机用户、适用于处理速度和系统可靠性高一些的中小型企业网络，其硬件配置相对较高，其可靠性比工作组级服务器要高一些，当然其价格也较高(通常为 5 台左右高性能 PC 机的价格总和)。由于这类服务器需要安装比较多的部件，所以机箱通常较大，采用机柜式。

（4）企业级服务器

企业级服务器属于高档服务器，正因如此，能生产这种服务器的企业也不是很多，但同样因没有行业标准规定企业级服务器需达到什么水平，所以许多本不具备开发、生产企业级服务器能力的企业声称自己有了企业级服务器。企业级服务器最起码采用 4 个以上 CPU 的对称处理器结构，有的高达几十个。

另外一般还具有独立的双 PCI 通道和内存扩展板设计，具有高内存带宽、大容量热插拔硬盘及热插拔电源、超强的数据处理能力和群集性能等。这种企业级服务器的机箱就更大了，一般为机柜式，有的还由几个机柜来组成，像大型机一样。企业级服务器产品除了具有部门级服务器的全部服务器特性外，最大的特点就是它还具有高度的容错能力、优良的扩展性能、故障预报警功能、在线诊断和 RAM、PCI、CPU 等性能。有的企业级服务器还引入了大型计算机的许多优良特性。这类服务器所采用的芯片也都是几大服务器开发、生产厂商自己开发的独有 CPU 芯片，所采用的操作系统一般也是 UNIX（Solaris）或 Linux。

企业级服务器适合运行在需要处理大量数据、高处理速度和对可靠性要求极高的金融、证券、交通、邮电、通信或大型企业。企业级服务器用于联网计算机在数百台以上、对处理速度和数据安全要求非常高的大型网络。企业级服务器的硬件配置最高，系统可靠性也最强。

10.2 路由器交换机的后续学习

本书作为计算机网络技术专业的导论课，在前面的章节对路由器交换机的知识作了部分介绍，但仅凭这些知识，远远不能完成实际工作中网络工程师的路由器交换机的配置工作。网络中的数据流是根据路由器的路由表进行的，不同档次的路由器要求有不同路由表的容量，所以如何进行路由表的优化至关重要。

路由器中可以运行各种不同的路由算法，这些不同路由算法之间的通信也是以后要学习的知识。交换机可以分为不同层次：二层交换机、三层交换机和四层交换机，多层交换机的配置也是网络工程师必须掌握的。

10.2.1 路由器的后续学习

路由器（Router），是连接因特网中各局域网、广域网的设备，它会根据信道的情况自动选择和设定路由，以最佳路径，按前后顺序发送信号的设备。路由器是互联网络的枢纽。目前路由器已经广泛应用于各行各业，各种不同档次的产品已成为实现各种骨干网内部连接、骨干网间互联和骨干网与互联网互联、互通业务的主力军。路由和交换之间的主要区别就是交换发生在 OSI 参考模型第二层（数据链路层），而路由发生在第三层，即网络层。这一区别决定了路由和交换在移动信息的过程中需使用不同的控制信息，所以两者实现各自功能的方式是不同的。

要成为一名优秀的网络工程师，必须熟练掌握路由器的各种路由协议的配置。路由器又称为网关设备（Gateway），是用于连接多个逻辑上分开的网络，所谓逻辑网络是代表一个单独的网络或者一个子网。当数据从一个子网传输到另一个子网时，可通过路由器的路由功能来完成。因此，路由器具有判断网络地址和选择 IP 路径的功能，它能在多网络互联环境中建立灵活的连接，可用完全不同的数据分组和介质访问方法连接各种子网，路由器只接受源站或其他路由器的信息，属于网络层的一种互联设备。

有的路由器仅支持单一协议，但大部分路由器可以支持多种协议的传输，即多协议路由器。由于每一种协议都有自己的规则，要在一个路由器中完成多种协议的算法，势必会降低路由器的性能。路由器的主要工作就是为经过路由器的每个数据帧寻找一条最佳传输路径，并将该数据有效地传送到目的站点。由此可见，选择最佳路径的策略即路由算法是路由器的关键所在。为了完成这项工作，在路由器中保存着各种传输路径的相关数据——路径表（Routing Table），供路由选择时使用。路径表中保存着子网的标志信息、网上路由器的个数和下一个路由器的名称等内容。路径表可以由系统管理员固定设置好。

- 静态路由表：由系统管理员事先设置好固定的路径表称为静态（Static）路径表。
- 动态路由表：动态（Dynamic）路径表是路由器根据网络系统的运行情况而自动调整的路径表。

路由器是一种多端口设备，它可以连接不同传输速率并运行于各种环境的局域网和广域网，也可以采用不同的协议。路由器属于 OSI 模型的第三层——网络层，指导从一个网段到另一个网段的数据传输，也能指导从一种网络向另一种网络的数据传输。路由器可以进行以下操作：

- 网络互连：路由器支持各种局域网和广域网接口，主要用于互连局域网和广域网，实现不同网络互相通信。
- 数据处理：提供分组过滤、分组转发、优先级、复用、加密、压缩和防火墙等功能。
- 网络管理：路由器提供路由器配置管理、性能管理、容错管理和流量控制等功能。

在路由器的后续学习中，需要学习路由器的各种路由协议：RIP、OSPF、EIGRP、ISIS 和 BGP，以及各种路由协议之间的重分发、路由表的优化等。

10.2.2 交换机的后续学习

交换机是一种用于电信号转发的网络设备。它可以为接入交换机的任意两个网络节点提供独享的电信号通路。最常见的交换机是以太网交换机，其他常见的还有电话语音交换机、光纤交换机等。

要成为一名优秀的网络工程师，必须掌握多层交换机的配置，如交换机的 VLAN、STP、RSTP、MSTP、QOS、端口安全和 ACL 等各种配置。

二层交换机工作在数据链路层，交换机拥有一条高带宽的背部总线和内部交换矩阵。交换机的所有的端口都挂接在这条背部总线上，控制电路收到数据包以后，处理端口会查找内存中的地址对照表以确定目的 MAC（网卡的硬件地址）的 NIC（网卡）挂接在哪个端口上，通过内部交换矩阵迅速将数据包传送到目的端口。目的 MAC 若不存在，广播到所有的端口，接收端口回应后，交换机会"学习"新的 MAC 地址，并把它添加入内部 MAC 地址表中。使用交换机也可以将网络"分段"，通过对照 IP 地址表，交换机只允许必要的网络流量通过交换机。通过交换机的过滤和转发，可以有效地减少冲突域，但它不能划分网络层广播，即广播域。

交换机的主要功能包括物理编址、网络拓扑结构、错误校验、帧序列及流控。交换机还具备一些新的功能，如对 VLAN（虚拟局域网）的支持、对链路汇聚的支持，甚至有的还具有防火墙的功能。交换机主要功能如下。

- 学习：以太网交换机了解每一端口相连设备的 MAC 地址，并将地址同相应的端口映射起来存放在交换机缓存中的 MAC 地址表中。
- 转发／过滤：当一个数据帧的目的地址在 MAC 地址表中有映射时，它被转发到连接目的节点的端口而不是所有端口（如该数据帧为广播／组播帧则转发至所有端口）。
- 消除回路：当交换机包括一个冗余回路时，以太网交换机通过生成树协议避免回路的产生，同时允许存在后备路径。

交换机除了能够连接同种类型的网络之外，还可以在不同类型的网络（如以太网和快速以太网）之间起到互连作用。如今许多交换机都能够提供支持快速以太网或 FDDI 等的高速连接端口，用于连接网络中的其他交换机或者为带宽占用量大的关键服务器提供附加带宽。

一般来说，交换机的每个端口都用来连接一个独立的网段，但有时为了提供更快的接入速度，可以把一些重要的网络计算机直接连接到交换机的端口上。这样，网络的关键服务器和重要用户就拥有更快的接入速度，支持更大的信息流量。

最后简略地概括一下交换机的基本功能：

- 交换机提供了大量可供线缆连接的端口，可以采用星型拓扑布线。
- 当它转发帧时，交换机会重新产生一个不失真的方形电信号。
- 交换机在每个端口上都使用相同的转发或过滤逻辑。
- 交换机将局域网分为多个冲突域，每个冲突域都是有独立的宽带，因此大大提高了局域网的带宽。
- 虚拟局域网（VLAN）和更高的性能。

传统交换机从网桥发展而来，属于 OSI 第二层即数据链路层设备。它根据 MAC 地址寻址，通过站表选择路由，站表的建立和维护由交换机自动进行。路由器属于 OSI 第三层即网络层设备，它根据 IP 地址进行寻址，通过路由表路由协议产生。交换机最大的好处是快速，由于交换机只须识别帧中的 MAC 地址，直接根据 MAC 地址产生选择转发端口算法简单，便于 ASIC 实现，因此转发速度极高。但交换机的工作机制也带来以下一些问题。

① 回路：根据交换机地址学习和站表建立算法，交换机之间不允许存在回路。一旦存在回路，必须启动生成树算法，阻塞掉产生回路的端口。而路由器的路由协议没有这个问题，路由器之间可以有多条通路来平衡负载，提高可靠性。

② 负载集中：交换机之间只能有一条通路，使得信息集中在一条通信链路上，不能进行动态分配，以平衡负载。而路由器的路由协议算法可以避免这一点，OSPF 路由协议算法不但能产生多条路由，而且能为不同的网络应用选择各自不同的最佳路由。

③ 广播控制：交换机只能缩小冲突域，而不能缩小广播域。整个交换式网络就是一个大的广播域，广播报文散到整个交换式网络。而路由器可以隔离广播域，广播报文不能通过路由器继续进行广播。

④ 子网划分：交换机只能识别 MAC 地址。MAC 地址是物理地址，而且采用平坦的地址结构，因此不能根据 MAC 地址来划分子网。而路由器识别 IP 地址，IP 地址由网络管理员分配，是逻辑地址且 IP 地址具有层次结构，被划分成网络号和主机号，可以非常方便地用于划分子网。路由器的主要功能就是用于连接不同的网络。

⑤ 保密问题：虽说交换机也可以根据帧的源 MAC 地址、目的 MAC 地址和其他帧中的内容对帧实施过滤，但路由器根据报文的源 IP 地址、目的 IP 地址、TCP 端口地址等内容对报文实施过滤，更加直观方便。

10.2.3　二层交换机、三层交换机及四层交换机

1．二层交换机

二层交换技术的发展比较成熟。二层交换机属数据链路层设备，可以识别数据包中的 MAC 地址信息，根据 MAC 地址进行转发，并将这些 MAC 地址与对应的端口记录在自己内部的一个地址表中。

具体的工作流程如下：

① 当交换机从某个端口收到一个数据包，它先读取包头中的源 MAC 地址，这样它就知道源 MAC 地址的机器是连在哪个端口上的。

② 再去读取包头中的目的 MAC 地址，并在地址表中查找相应的端口。

③ 如表中有与该目的 MAC 地址对应的端口，把数据包直接复制到此端口上。

④ 如表中找不到相应的端口则把数据包广播到所有端口上，当目的机器对源机器回应时，交换机又可以记录这一目的 MAC 地址与哪个端口对应，在下次传送数据时就不再需要对所有端口进行广播。不断地循环这个过程，对于全网的 MAC 地址信息都可以学习到，二层交换机就是这样建立和维护它自己的地址表的。

从二层交换机的工作原理可以推知如下三点：

① 由于交换机对多数端口的数据进行同时交换，这就要求其具有很宽的交换总线带宽，如果二层交换机有 N 个端口，每个端口的带宽是 M，交换机总线带宽超过 $N \times M$，那么该交

换机就可以实现线速交换。

②　学习端口连接的机器的 MAC 地址，写入地址表，地址表的大小（一般两种表示方式，一种为 BEFFER RAM，另一种为 MAC 表项数值），地址表大小影响交换机的接入容量。

③　二层交换机一般都含有专门用于处理数据包转发的 ASIC（Application Specific Integrated Circuit，专用集成电路）芯片，因此转发速度可以非常快。各个厂家采用的 ASIC 不同，这直接影响了产品性能。

上述三点也是评判二层、三层交换机性能优劣的主要技术参数，读者在考虑设备选型时注意比较。

2．三层交换机

下面先通过一个简单的网络来分析三层交换机的工作过程。

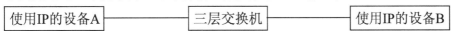

比如 A 要给 B 发送数据，已知目的 IP，那么 A 就用子网掩码取得网络地址，判断目的 IP 是否与自己在同一网段。如果在同一网段，但不知道转发数据所需的 MAC 地址，A 就发送一个 ARP 请求，B 返回其 MAC 地址，A 用此 MAC 封装数据包并发送给交换机，交换机起用二层交换模块，查找 MAC 地址表，将数据包转发到相应的端口。

如果目的 IP 地址显示不是同一网段的，那么 A 要实现和 B 的通信，在当前的缓存条目中没有对应 MAC 地址条目，就将第一个正常数据包发往一个缺省网关。这个缺省网关一般在操作系统中已经设置好，这个缺省网关的 IP 对应第三层路由模块，所以对于不是同一子网的数据，最先在 MAC 表中放的是缺省网关的 MAC 地址（由源主机 A 完成）；然后就由三层模块接收到此数据包，查询路由表以确定到达 B 的路由，将构造一个新的帧头，其中以缺省网关的 MAC 地址为源 MAC 地址，以主机 B 的 MAC 地址为目的 MAC 地址。通过一定的识别触发机制，确立主机 A 与主机 B 的 MAC 地址及转发端口的对应关系，并记录进流缓存条目表，以后的 A 到 B 的数据（三层交换机要确认是由 A 到 B 而不是到 C 的数据，还要读取帧中的 IP 地址）就直接交由二层交换模块完成。这就是通常所说的一次路由多次转发。

上述就是三层交换机工作过程的简单概括，可以看出三层交换的特点：

①　由硬件结合实现数据的高速转发。这就不是简单的二层交换机和路由器的叠加，三层路由模块直接叠加在二层交换的高速背板总线上，突破了传统路由器的接口速率限制，速率可达几十 Gbps。

②　简洁的路由软件使路由过程简化。大部分的数据转发，除了必要的路由选择交由路由软件处理，都是由二层模块高速转发。路由软件大多都是经过处理的高效优化软件，并不是简单照搬路由器中的软件。

3．二层和三层交换机的选择

二层交换机用于小型的局域网络。在小型局域网中，广播包影响不大，二层交换机的快速交换功能、多个接入端口和低廉价格为小型网络用户提供了完善的解决方案。

三层交换机的优点在于接口类型丰富，支持的三层功能强大，路由能力强大，适合用于大型的网络间的路由，它的优势在于选择最佳路由，负荷分担，链路备份及和其他网络进行路由信息的交换等。

三层交换机的最重要的功能是加快大型局域网络内部的数据的快速转发，加入路由功能也是为这个目的服务的。如果把大型网络按照部门、地域等因素划分成一个个小局域网，这将导致大量的网际互访，单纯地使用二层交换机不能实现网际互访；如单纯地使用路由器，由于接口数量有限和路由转发速度慢，将限制网络的速度和网络规模，采用具有路由功能的快速转发的三层交换机就成为首选。

一般来说，在内网数据流量大、要求快速转发响应的网络中，如全部由三层交换机来做这个工作，会造成三层交换机负担过重、响应速度受影响，将网间的路由交由路由器去完成，充分发挥不同设备的优点，就不失为一种好的组网策略。当然，前提是客户能支付起高昂的费用，不然就退而求其次，让三层交换机也兼为网际互连。

4．四层交换机

第四层交换的一个简单定义是：它是一种功能，它决定传输不仅仅依据 MAC 地址（第二层网桥）或源 / 目标 IP 地址（第三层路由），而且依据 TCP/UDP(第四层) 应用端口号。第四层交换功能就像虚 IP，指向物理服务器。它所传输的业务服从各种各样的协议，有 HTTP、FTP、NFS、Telnet 或其他协议。这些业务在物理服务器基础上，需要复杂的载量平衡算法。

在 IP 世界，业务类型由终端 TCP 或 UDP 端口地址来决定，在第四层交换中的应用区间则由源端和终端 IP 地址、TCP 和 UDP 端口共同决定。在第四层交换中为每个供搜寻使用的服务器组设立虚 IP 地址（VIP），每组服务器支持某种应用。在域名服务器（DNS）中存储的每个应用服务器地址是 VIP，而不是真实的服务器地址。当某用户申请应用时，一个带有目标服务器组的 VIP 连接请求（例如一个 TCP SYN 包）发给服务器交换机。服务器交换机在组中选取最好的服务器，将终端地址中的 VIP 用实际服务器的 IP 取代，并将连接请求传给服务器。这样，同一区间所有的包由服务器交换机进行映射，在用户和同一服务器间进行传输。

OSI 模型的第四层是传输层。传输层负责端对端通信，即在网络源和目标系统之间协调通信。在 IP 协议栈中这是 TCP 和 UDP 所在的协议层。

在第四层中，TCP 和 UDP 标题包含端口号（port number），它们可以唯一区分每个数据包包含哪些应用协议（如 HTTP、FTP 等）。端点系统利用这种信息来区分包中的数据，尤其是端口号使一个接收端计算机系统能够确定它所收到的 IP 包类型，并把它交给合适的高层软件。端口号和设备 IP 地址的组合通常称作"插口（socket)"。1 和 255 之间的端口号被保留，它们称为"熟知"端口，也就是说，在所有主机 TCP/IP 协议栈实现中，这些端口号相同。除了"熟知"端口外，标准 UNIX 服务分配在 256 到 1024 端口范围，定制的应用一般在 1024 以上分配端口号。分配端口号的清单可以在 RFC1700 "Assigned Numbers" 上找到。

TCP/UDP 端口号提供的附加信息可以为网络交换机所利用，这是第四层交换的基础。具有第四层功能的交换机能够起到与服务器相连接的"虚拟 IP"（VIP）前端的作用。每台服务器和支持单一或通用应用的服务器组都配置一个 VIP 地址。这个 VIP 地址被发送出去并在域名系统上注册。在发出一个服务请求时，第四层交换机通过判定 TCP 开始，来识别一次会话的开始。然后它利用复杂的算法来确定处理这个请求的最佳服务器。一旦作出这种决定，交换机就将会话与一个具体的 IP 地址联系在一起，并用该服务器真正的 IP 地址来代替服务器上的 VIP 地址。

每台第四层交换机都保存一个与被选择的服务器相配的源 IP 地址及与源 TCP 端口相关联的连接表。然后第四层交换机向这台服务器转发连接请求。所有后续包在客户机与服务器之间重新影射和转发，直到交换机发现会话为止。在使用第四层交换的情况下，接入可以与真正的服务器连接在一起来满足用户制定的规则，诸如使每台服务器上有相等数量的接入或根据不同服务器的容量来分配传输流。

（1）速度

为了在企业网中行之有效，第四层交换必须提供与第三层线速路由器可比拟的性能。也就是说，第四层交换必须在所有端口以全介质速度操作，即使在多个千兆以太网连接上亦如此。千兆以太网速度相当于以每秒 1 488 000 个数据包的最大速度路由（假定最坏的情形，即所有包为以太网定义的最小尺寸，长 64 字节）。

（2）服务器容量平衡算法

依据所希望的容量平衡间隔尺寸，第四层交换机将应用分配给服务器的算法有很多种，有简单地检测环路最近的连接、检测环路时延或检测服务器本身的闭环反馈。在所有的预测中，闭环反馈提供反映服务器现有业务量的最精确的检测。

（3）表容量

值得注意的是，进行第四层交换的交换机需要有区分和存储大量数据表的能力。交换机在一个企业网的核心时尤其如此。许多第二/三层交换机倾向发送表的大小与网络设备的数量成正比。对于第四层交换机，这个数量必须乘以网络中使用的不同应用协议和会话的数量。因而发送表的大小随端点设备和应用类型数量的增长而迅速增长。第四层交换机设计者在设计其产品时需要考虑表的这种增长。大的表容量对制造支持线速发送第四层流量的高性能交换机至关重要。

（4）冗余

第四层交换机内部有支持冗余拓扑结构的功能。在具有双链路的网卡容错连接时，就可能建立从一个服务器到链路的完全冗余系统。

10.3　网络管理的后续学习

本书前面的章节介绍了网络的简单管理，以及网络的简单故障排除。读者以后要想成为合格的网络管理员，还需要进行深层次的网络管理学习，需要进一步学习 Cisco 的网络管理平台 Cisco Works、HP 的 Open View 等管理平台的使用，学会复杂网络环境下的网络故障的排除方法。

网络管理包括对硬件、软件和人力的使用、综合与协调，通过网络管理可对网络资源进行监视、测试、配置、分析、评价和控制，这样就能以合理的价格满足网络的一些需求，如实时运行性能、服务质量等。

简单网络管理协议（SNMP）是最早提出的网络管理协议之一。SNMP 已成为网络管理领域中事实上的工业标准，并被广泛支持和应用，大多数网络管理系统和平台都是基于 SNMP 的。

SNMP 的前身是简单网关监控协议（SGMP），用来对通信线路进行管理。随后，人们对 SGMP 进行了很大的修改，特别是加入了符合 Internet 定义的 SMI 和 MIB 体系结构，改进后的协议就是著名的 SNMP。SNMP 的目标是管理互联网 Internet 上众多厂家生产的软、硬件平台，因此 SNMP 受 Internet 标准网络管理框架的影响也很大。SNMP 已经具有第三个版本的协议，其功能较以前已得到大大地加强和改进。

SNMP 的体系结构是围绕着以下 4 个概念和目标进行设计的：保持管理代理（Agent）的软件成本尽可能低；最大限度地保持远程管理的功能，以便充分利用 Internet 的网络资源；体系结构必须有扩充的余地；保持 SNMP 的独立性，不依赖于具体的计算机、网关和网络传输协议。在最近的改进中，又加入了保证 SNMP 体系本身安全性的目标。

另外，SNMP 中提供了 4 类管理操作：get 操作用来提取特定的网络管理信息；get-next 操作通过遍历活动来提供强大的管理信息提取能力；set 操作用来对管理信息进行控制（修改、设置）；trap 操作用来报告重要的事件。

随着网络的不断发展，规模增大，复杂性增加，简单的网络管理技术已不能适应网络迅速发展的要求。以往的网络管理系统往往是厂商在自己的网络系统中开发的专用系统，很难对其他厂商的网络系统、通信设备软件等进行管理，这种状况很不适应网络异构互联的发展趋势。20 世纪 80 年代初期 Internet 的出现和发展使人们进一步意识到了这一点。研究开发人员迅速展开了对网络管理的研究，并提出了多种网络管理方案，包括 HEMS、SGMP、CMIS/CMIP 等。读者要想成为优秀的网络管理员，在以后的学习中必须掌握以下几个协议。下面进行简单介绍。

1．CMIS/CMIP

公共管理信息服务 / 公共管理信息协议（CMIS/CMIP）是 OSI 提供的网络管理协议簇。CMIS 定义了每个网络组成部分提供的网络管理服务，这些服务在本质上很普通，CMIP 则是实现 CMIS 服务的协议。

OSI 网络协议旨在为所有设备在 ISO 参考模型的每一层提供一个公共网络结构，而 CMIS/CMIP 正是这样一个用于所有网络设备的完整网络管理协议簇。

出于通用性的考虑，CMIS/CMIP 的功能与结构跟 SNMP 很不相同，SNMP 是按照简单和易于实现的原则设计的，而 CMIS/CMIP 则能够提供支持一个完整的网络管理方案所需的功能。

CMIS/CMIP 的整体结构建立在使用 ISO 网络参考模型的基础上，网络管理应用进程使用 ISO 参考模型中的应用层。在该层上，公共管理信息服务单元（CMISE）提供了应用程序使用 CMIP 协议的接口。同时该层还包括两个 ISO 应用协议：联系控制服务元素（ACSE）和远程操作服务元素（RPSE），其中 ACSE 在应用程序之间建立和关闭联系，而 ROSE 则处理应用之间的请求/响应交互。另外，值得注意的是 OSI 没有在应用层之下特别为网络管理定义协议。

2. CMOT

公共管理信息服务与协议（CMOT）在 TCP/IP 协议簇上实现 CMIS 服务，这是一种过渡性的解决方案，直到 OSI 网络管理协议被广泛采用。

CMIS 使用的应用协议并没有根据 CMOT 而修改，CMOT 仍然依赖于 CMISE、ACSE 和 ROSE 协议，这和 CMIS/CMIP 是一样的。但是，CMOT 并没有直接使用参考模型中表示层实现，而是要求在表示层中使用另外一个协议——轻量表示协议（LPP），该协议提供了目前最普通的两种传输层协议——TCP 和 UDP 的接口。

CMOT 的一个致命弱点在于它是一个过渡性的方案，而没有人会把注意力集中在一个短期方案上。相反，许多重要厂商都加入了 SNMP 潮流并在其中投入了大量资金。事实上，虽然存在 CMOT 的定义，但该协议已经很长时间没有得到任何发展。

3. LMMP

局域网个人管理协议（LMMP）试图为 LAN 环境提供一个网络管理方案。LMMP 以前被称为 IEEE 802 逻辑链路控制上的公共管理信息服务与协议（CMOL）。由于该协议直接位于 IEEE 802 逻辑链路层（LLC）上，因此它可以不依赖于任何特定的网络层协议进行网络传输。

由于不要求任何网络层协议，LMMP 比 CMIS/CMIP 或 CMOT 都易于实现，然而没有网络层提供路由信息，LMMP 信息不能跨越路由器，从而限制了它只能在局域网中发展。但是，跨越局域网传输局限的 LMMP 信息转换代理可能会克服这一问题。

10.4 网络安全技术后续学习

本书作为计算机网络技术的入门教程，前面的章节部分介绍了网络安全技术。要成为优秀的网络安全工程师，学习上述的知识还是远远不够的。网络安全包括物理安全、链路安全、网络层安全、应用层安全等，读者还需要学习网络的硬件防火墙设置、包过滤防火墙设置、入侵检测设置、网络攻击防范、网络病毒防范、网络服务器安全设置和网络安全管理等方面的安全知识。

网络安全是指网络系统的硬件、软件及其系统中的数据受到保护，不因偶然的或者恶意的原因而遭受到破坏、更改、泄露，系统连续可靠正常地运行，网络服务不中断。网络安全包括网络设备安全、网络信息安全、网络软件安全。从广义来说，凡是涉及网络信息的保密性、完整性、可用性、真实性和可控性的相关技术和理论都是网络安全的研究领域。

10.4.1 网络安全分析

要成为一名优秀的网络安全工程师，必须对网络安全进行分析。通过网络分析系统网络管理者能够对各种网络安全问题进行对症下药。网络分析系统是一种网络管理方案，它对网络中所有传输的数据进行检测、分析、诊断，帮助用户排除网络事故，规避安全风险，提高网络性能，增加网络可用性价值。

管理者不用再担心网络事故难以解决，网络分析系统可以帮助企业将网络故障和安全风险降到最低，从而使网络性能逐步得到提升。

1．物理安全

网络的物理安全是整个网络系统安全的前提。在校园网工程建设中，由于网络系统属于弱电工程，耐压值很低，因此，在网络工程的设计和施工中，必须优先考虑保护人和网络设备不受电、火灾和雷击的侵害；考虑布线系统与照明电线、动力电线、通信线路、暖气管道及冷／热空气管道之间的距离；考虑布线系统与绝缘线、裸体线以及接地与焊接的安全；必须建设防雷系统，防雷系统不仅要考虑建筑物防雷，还必须考虑计算机及其他弱电耐压设备的防雷。总体来说物理安全的风险主要有地震、水灾、火灾等环境事故；电源故障；人为操作失误或错误；设备被盗、被毁；电磁干扰；线路截获；高可用性的硬件；双机多冗余的设计；机房环境及报警系统、安全意识等，因此要注意这些安全隐患，同时还要尽量避免网络的物理安全风险。

2．网络结构

网络拓扑结构设计也直接影响到网络系统的安全性。假如在外部和内部网络进行通信时，内部网络的机器安全就会受到威胁，同时也影响在同一网络上的许多其他系统。透过网络传播，还会影响到连上 Internet/Intranet 的其他的网络；还可能涉及法律、金融等安全敏感领域。因此，在设计时有必要将公开服务器（Web、DNS、E-mail 等）和外网及内部其他业务网络进行必要的隔离，避免网络结构信息外泄；同时还要对外网的服务请求加以过滤，只允许正常通信的数据包到达相应主机，其他请求服务在到达主机之前就应该遭到拒绝。

3．系统的安全

所谓系统的安全是指整个网络操作系统和网络硬件平台是否可靠且值得信任。恐怕没有绝对安全的操作系统可以选择，无论是 Microsoft 的 Windows NT 还是其他任何商用 UNIX 操作系统，其开发厂商必然有其 Back-Door。因此，可以得出如下结论：没有完全安全的操作系统。不同的用户应从不同的方面对其网络作详尽的分析，选择安全性尽可能高的操作系统。因此不但要选用尽可能可靠的操作系统和硬件平台，并对操作系统进行安全配置。而且必须加强登录过程的认证（特别是在到达服务器主机之前的认证），确保用户的合法性；其次应该严格限制登录者的操作权限，将其完成的操作限制在最小的范围内。

4．应用系统

应用系统的安全跟具体的应用有关，其涉及面广。应用系统的安全是动态的、不断变化的。应用的安全性也涉及信息的安全性，它包括很多方面。

（1）应用系统的安全是动态的、不断变化的。应用的安全所涉及的方面很多，以 Internet 中应用最为广泛的 E-mail 系统来说，其解决方案有 Sendmail、Netscape Messaging Server、

SoftwareCom Post.Office、Lotus Notes、Exchange Server、SUN CIMS 等二十多种。其安全手段涉及 LDAP、DES、RSA 等各种方式。应用系统是不断发展且应用类型是不断增加的。在应用系统的安全性上，主要考虑尽可能建立安全的系统平台，而且通过专业的安全工具不断发现漏洞、修补漏洞，提高系统的安全性。

（2）应用的安全性涉及信息、数据的安全性。信息的安全性涉及机密信息泄露、未经授权的访问、破坏信息完整性、假冒、破坏系统的可用性等。在某些网络系统中，涉及很多机密信息，如果一些重要信息遭到窃取或破坏，将对社会经济、政治带来不利影响。因此，对用户使用计算机必须进行身份认证，对于重要信息的通信必须授权，传输必须加密。采用多层次的访问控制与权限控制手段，实现对数据的安全保护；采用加密技术，保证网上传输的信息（包括管理员口令与账户、上传信息等）的机密性与完整性。

5．管理风险

管理是网络中安全最重要的部分。责权不明，安全管理制度不健全及缺乏可操作性等都可能引起管理安全的风险。当网络出现攻击行为或网络受到其他一些安全威胁时（如内部人员的违规操作等），将无法进行实时的检测、监控、报告与预警。同时，当事故发生后，也无法提供黑客攻击行为的追踪线索及破案依据，即缺乏对网络的可控性与可审查性。这就要求网络管理员必须对站点的访问活动进行多层次的记录，及时发现非法入侵行为。

建立全新的网络安全机制，必须深刻理解网络并能提供直接的解决方案，因此，最可行的做法是制订健全的管理制度和严格管理相结合。保障网络的安全运行，使其成为一个具有良好的安全性、可扩充性和易管理性的信息网络便成为首要任务。一旦安全隐患成为事实，所造成的对整个网络的损失都是难以估计的。因此，网络的安全建设是网络建设过程中重要的一环。

10.4.2　网络安全的主要类型

网络安全由于不同的环境和应用而产生了不同的类型，主要有如下几种类型。

1．系统的安全

运行系统安全即保证信息处理和传输系统的安全。它侧重于保证系统正常运行。避免因为系统的崩溃和损坏而对系统存储、处理和传输的消息造成破坏和损失。避免由于电磁泄露，产生信息泄露，干扰他人或受他人干扰。

2．网络的安全

网络系统信息的安全包括用户口令鉴别，用户存取权限控制，数据存取权限、方式控制，安全审计，安全问题跟踪，计算机病毒防治，以及数据加密等。

3．信息传播的安全

网络信息传播的安全，即信息传播后果的安全，包括信息过滤等。它侧重于防止和控制非法、有害的信息进行传播，避免公用网络上大量自由传播的信息失控。

4. 信息内容的安全

网络信息内容的安全侧重于保护信息的保密性、真实性和完整性，避免攻击者利用系统的安全漏洞进行窃听、冒充、诈骗等有损于合法用户的行为。其本质是保护用户的利益和隐私。

10.4.3　防火墙配置

所谓防火墙指的是一个由软件和硬件设备组合而成、在内部网和外部网之间、专用网与公共网之间的界面上构造的保护屏障，是一种获取安全性方法的形象说法。它是一种计算机硬件和软件的结合，使 Internet 与 Intranet 之间建立起一个安全网关（Security Gateway），从而保护内部网免受非法用户的侵入，防火墙主要由服务访问规则、验证工具、包过滤和应用网关 4 部分组成。防火墙就是一个位于计算机和其所连接的网络之间的软件或硬件。该计算机流入 / 流出的所有网络通信和数据包均要经过此防火墙。

在网络中，所谓"防火墙"，是指一种将内部网和公众访问网（如 Internet）分开的方法，它实际上是一种隔离技术。防火墙是在两个网络通信时执行的一种访问控制尺度，它能允许用户"同意"的人和数据进入其网络，同时将用户"不同意"的人和数据"拒之门外"，最大限度地阻止网络中的黑客来访问其网络。换言之，如果不通过防火墙，公司内部的员工就无法访问 Internet，Internet 上的用户也无法和公司内部的员工进行通信。

读者要想成为一名优秀的网络安全工程师，必须掌握防火墙的几种典型类型的配置。防火墙的几种典型类型如下。

1. 网络层防火墙

网络层防火墙可视为一种 IP 封包过滤器，运作在底层的 TCP/IP 协议堆栈上。可以枚举的方式，只允许符合特定规则的封包通过，其余的一概禁止穿越防火墙（病毒除外，防火墙不能防止病毒侵入）。这些规则通常可以经由管理员定义或修改，不过某些防火墙设备可能只能套用内置的规则。

也可以另一种较宽松的角度来制订防火墙规则，只要封包不符合任何一项"否定规则"就予以放行。操作系统及网络设备大多已内置防火墙功能。

较新的防火墙能利用封包的多样属性来进行过滤，如来源 IP 地址、来源端口号、目的 IP 地址或端口号、服务类型（如 HTTP 或是 FTP），也能经由通信协议、TTL 值、来源的网域名称或网段等属性来进行过滤。

2. 应用层防火墙

应用层防火墙在 TCP/IP 堆栈的"应用层"上运作，用户使用浏览器时所产生的数据流或使用 FTP 时的数据流都是属于这一层。应用层防火墙可以拦截进出某应用程序的所有封包，并且封锁其他的封包（通常直接将封包丢弃）。理论上，这一类的防火墙可以完全阻绝外部的数据流进受保护的机器中。

防火墙借由监测所有的封包并找出不符规则的内容，可以防范电脑蠕虫或木马程序的快速蔓延。不过就实现而言，这个方法很烦琐，所以大部分的防火墙都不会考虑以这种方法来设计。

3．数据库防火墙

数据库防火墙是一款基于数据库协议分析与控制技术的数据库安全防护系统。基于主动防御机制，实现数据库的访问行为控制、危险操作阻断以及可疑行为审计。

数据库防火墙通过 SQL 协议分析，根据预定义的禁止和许可策略让合法的 SQL 操作通过，阻断非法违规操作，形成数据库的外围防御圈，实现 SQL 危险操作的主动预防、实时审计。

数据库防火墙面对来自于外部的入侵行为，提供 SQL 注入禁止和数据库虚拟补丁包功能。

 思考与动手

一、填空题

1．防火墙的几种典型类型有_____、_____和_____。

2．_____是最早提出的网络管理协议。

3．计算机网络的路由器工作在网络层，常见的路由协议有_____、_____、_____、isis 和_____。

二、简答题

1．路由器有什么特点？路由器的后续学习内容有哪些？

2．网络服务器有什么特点？服务器的后续学习内容有哪些？

3．网络的防火墙有哪几种典型类型？各有什么特点？

参考文献

［1］谢希仁．计算机网络（第 6 版）．北京：电子工业出版社，2013

［2］肖朝晖，罗娅．计算机网络基础．北京：清华大学出版社，2011

［3］杨法东，叶哲丽．计算机网络基础．北京：机械工业出版社，2012

［4］石硕，邹月．交换机／路由器及其配置（第 3 版）．北京：电子工业出版社，2011

［5］石硕，郭庚麒．计算机组网技术（第 2 版）．北京：机械工业出版社，2008

［6］梁广民，王隆杰．思科网络实验室 CCNA 实验指南．北京：电子工业出版社，2009

［7］梁广民．思科网络实验室 CCNP（路由技术）实验指南．北京：电子工业出版社，2012

［8］赵海兰．网络设备的安装与管理．大连：大连理工大学出版社，2008

［9］尹建璋．局域网组建实例教程．西安：西安电子科技大学出版社，2007

［10］陆楠．计算机网络实训与编程．西安：西安电子科技大学出版社，2012

［11］廖剑锋．计算机网络实训教程．北京：电子工业出版社，2009

［12］张晖，杨云．计算机网络实训教程．北京：人民邮电出版社，2008

［13］赛迪网络社区．http://bbs.tech.ccidnet.com/index.php

［14］Cisco 网络技术．http://www.net130.net

［15］中国 IT 实验室．http://www.chinaitlab.com